住房和城乡建设领域施工现场专业人员继续教育培训教材

质量员（设备方向）岗位知识
（第二版）

中国建设教育协会继续教育委员会　组织编写

中国建筑工业出版社

图书在版编目（CIP）数据

质量员（设备方向）岗位知识／中国建设教育协会
继续教育委员会组织编写. — 2 版. — 北京：中国建筑
工业出版社，2021.8（2022.2 重印）
住房和城乡建设领域施工现场专业人员继续教育培训
教材
ISBN 978-7-112-26396-7

Ⅰ. ①质… Ⅱ. ①中… Ⅲ. ①房屋建筑设备-建筑安
装-质量管理-继续教育-教材 Ⅳ. ①TU8

中国版本图书馆 CIP 数据核字（2021）第 147886 号

本书根据《住房和城乡建设领域施工现场专业人员继续教育大纲》编写，可
供质量员（设备方向）岗位人员继续教育使用。全书共分 4 章，内容包括：新颁
布或更新的政策、法律、法规；新标准、新规范；新材料、新设备；新技术、新
工艺。本书内容实用性强，也可供设备工程类施工现场专业人员、职业院校师生
和相关技术人员的参考学习。

责任编辑：李　慧
责任校对：李美娜

住房和城乡建设领域施工现场专业人员继续教育培训教材
质量员（设备方向）岗位知识（第二版）
中国建设教育协会继续教育委员会　组织编写

＊

中国建筑工业出版社出版、发行（北京海淀三里河路 9 号）
各地新华书店、建筑书店经销
北京鸿文瀚海文化传媒有限公司制版
天津画中画印刷有限公司印刷

＊

开本：787 毫米×1092 毫米　1/16　印张：10¼　字数：253 千字
2021 年 10 月第二版　　2022 年 2 月第二次印刷
定价：**42.00 元**
ISBN 978-7-112-26396-7
（37848）

丛书编委会

主　任：高延伟　丁舜祥　徐家斌

副主任：成　宁　徐盛发　金　强　李　明

委　员（按姓氏笔画排序）：

丁国忠　马　记　马升军　王　飞　王正宇　王东升

王建玉　白俊锋　吕祥永　刘　忠　刘　媛　刘清泉

李　志　李　杰　李亚楠　李斌汉　张　宠　张克纯

张丽娟　张贵良　张燕娜　陈华辉　陈泽攀　范小叶

金广谦　金孝权　赵　山　胡本国　胡兴福　姜　慧

黄　玥　阚咏梅　魏傥燕

出版说明

　　住房和城乡建设领域施工现场专业人员（以下简称施工现场专业人员）是工程建设项目现场技术和管理关键岗位从业人员，人员队伍素质是影响工程质量和安全生产的关键因素。当前，我国建筑行业仍处于较快发展进程中，城镇化建设方兴未艾，城市房屋建设、基础设施建设、工业与能源基地建设、交通设施建设等市场需求旺盛。为适应行业发展需求，各类新标准、新规范陆续颁布实施，各种新技术、新设备、新工艺、新材料不断涌现，工程建设领域的知识更新和技术创新进一步加快。

　　为加强住房和城乡建设领域人才队伍建设，提升施工现场专业人员职业水平，住房和城乡建设部印发了《关于改进住房和城乡建设领域施工现场专业人员职业培训工作的指导意见》（建人〔2019〕9 号）、《关于推进住房和城乡建设领域施工现场专业人员职业培训工作的通知》（建办人函〔2019〕384 号），并委托中国建筑工业出版社组织制定了《住房和城乡建设领域施工现场专业人员继续教育大纲》。依据大纲，中国建筑工业出版社、中国建设教育协会继续教育委员会和江苏省建设教育协会，共同组织行业内具有多年教学和现场管理实践经验的专家编写了本套教材。

　　本套教材共 14 本，即：《公共基础知识（第二版）》（各岗位通用）与《××员岗位知识（第二版）》（13 个岗位），覆盖了《建筑与市政工程施工现场专业人员职业标准》涉及的施工员、质量员、标准员、材料员、机械员、劳务员、资料员等 13 个岗位，结合企业发展与从业人员技能提升需求，精选教学内容，突出能力导向，助力施工现场专业人员更新专业知识，提升专业素质、职业水平和道德素养。

　　我们的编写工作难免存在不足，请使用本套教材的培训机构、教师和广大学员多提宝贵意见，以便进一步修订完善。

第二版前言

为满足建筑领域施工现场专业人员对新规范、新标准、新法律、新法规、新材料、新工艺、新设备、新技术学习的需求，依据《住房和城乡建设领域施工现场专业人员继续教育大纲》（2021 版），在第一版教材的基础上进行了修订。修订的主要内容有：

第 1 章中，删除了第一版教材中《工程质量安全提升行动方案》《建筑工程设计文件编制深度规定（2016 版）》的相关内容，增加了《中华人民共和国建筑法（2019 年修正）》《中华人民共和国节约能源法（2018 年修正）》的相关内容；第 2 章中，删除了第一版教材中《通风与空调工程施工质量验收规范》GB 50243—2016、《通风管道技术规程》JGJ/T 141—2017 的相关内容，增加了《锅炉房设计标准》GB 50041—2020、《地源热泵系统工程勘察标准》CJJ/T 291—2019、《建筑给水排水设计标准》GB 50015—2019、《蓄能空调工程技术标准》JGJ 158—2018 的相关内容；第 3 章中增加了模块化电缆密封系统的相关内容。

本次修订得到了中国建设教育协会继续教育委员会、江苏省建设教育协会的大力支持，在广泛征求行业、企业专家意见的基础上，经过反复论证，由江苏城乡建设职业学院王建玉完成了本次修订。

由于时间仓促且水平有限，教材难免有不妥和错漏之处，恳请广大读者提出宝贵意见。

第一版前言

为贯彻落实住房和城乡建设部《关于改进住房和建设领域施工现场专业人员职业培训工作的指导意见》（建人〔2019〕9号）和《关于推进住房和城乡建设领域施工现场专业人员职业培训工作的通知》（建办人函〔2019〕384号），规范开展住房和城乡建设领域施工现场专业人员培训工作，根据《住房和城乡建设领域施工现场专业人员继续教育大纲》，中国建设教育协会继续教育委员会组织编写了本套教材。

本教材分为4章。第1章主要对2016年以来颁布和修订的与质量员（设备方向）相关的法律法规进行了介绍。第2章主要对2016年以来颁布和修订的与质量员（设备方向）相关的标准和规范进行了介绍。第3章主要对建筑电气工程、给水排水与采暖工程、通风与空调工程以及其他设备工程中的新材料和新设备进行了介绍。第4章主要对建筑设备安装行业近年来的新技术的施工工艺和质量标准进行了介绍。

教材由江苏城乡建设职业学院王建玉教授主编，第1章由詹复生编写，第2章由江苏城乡建设职业学院管名豪编写，第3、4章由江苏城乡建设职业学院王建玉编写。教材聚焦建筑设备安装行业发展前沿，具有丰富的实践性、知识性和开放性。在教材编写过程中，得到了江苏省建设教育协会的大力支持，并参考了大量建筑业同行的宝贵研究成果，汲取了多位专家的宝贵意见和建议，在此一并表示感谢。

本教材主要用于质量员（设备方向）的继续教育，也可作为设备工程类施工现场专业人员、职业院校师生和相关技术人员的参考用书。

本教材内容虽经反复推敲核证，仍难免有不妥甚至疏漏之处，恳请广大读者提出宝贵意见。

目　　录

第1章　新颁布或更新的政策、法律、法规

第1节　《中华人民共和国建筑法（2019年修正》（节选）

1.1.1　总则

第一条　为了加强对建筑活动的监督管理，维护建筑市场秩序，保证建筑工程的质量和安全，促进建筑业健康发展，制定本法。

第二条　在中华人民共和国境内从事建筑活动，实施对建筑活动的监督管理，应当遵守本法。

本法所称建筑活动，是指各类房屋建筑及其附属设施的建造和与其配套的线路、管道、设备的安装活动。

第三条　建筑活动应当确保建筑工程质量和安全，符合国家的建筑工程安全标准。

第四条　国家扶持建筑业的发展，支持建筑科学技术研究，提高房屋建筑设计水平，鼓励节约能源和保护环境，提倡采用先进技术、先进设备、先进工艺、新型建筑材料和现代管理方式。

第五条　从事建筑活动应当遵守法律、法规，不得损害社会公共利益和他人的合法权益。

任何单位和个人都不得妨碍和阻挠依法进行的建筑活动。

第六条　国务院建设行政主管部门对全国的建筑活动实施统一监督管理。

1.1.2　建筑工程施工许可

第七条　建筑工程开工前，建设单位应当按照国家有关规定向工程所在地县级以上人民政府建设行政主管部门申请领取施工许可证；但是，国务院建设行政主管部门确定的限额以下的小型工程除外。

按照国务院规定的权限和程序批准开工报告的建筑工程，不再领取施工许可证。

第八条　申请领取施工许可证，应当具备下列条件：

（一）已经办理该建筑工程用地批准手续；

（二）依法应当办理建设工程规划许可证的，已经取得建设工程规划许可证；

（三）需要拆迁的，其拆迁进度符合施工要求；

（四）已经确定建筑施工企业；

（五）有满足施工需要的资金安排、施工图纸及技术资料；

（六）有保证工程质量和安全的具体措施。

建设行政主管部门应当自收到申请之日起七日内，对符合条件的申请颁发施工许可证。

第九条　建设单位应当自领取施工许可证之日起三个月内开工。因故不能按期开工的，应当向发证机关申请延期；延期以两次为限，每次不超过三个月。既不开工又不申请

延期或者超过延期时限的，施工许可证自行废止。

第十条　在建的建筑工程因故中止施工的，建设单位应当自中止施工之日起一个月内，向发证机关报告，并按照规定做好建筑工程的维护管理工作。

建筑工程恢复施工时，应当向发证机关报告；中止施工满一年的工程恢复施工前，建设单位应当报发证机关核验施工许可证。

第十一条　按照国务院有关规定批准开工报告的建筑工程，因故不能按期开工或者中止施工的，应当及时向批准机关报告情况。因故不能按期开工超过六个月的，应当重新办理开工报告的批准手续。

1.1.3　从业资格

第十二条　从事建筑活动的建筑施工企业、勘察单位、设计单位和工程监理单位，应当具备下列条件：

（一）有符合国家规定的注册资本；

（二）有与其从事的建筑活动相适应的具有法定执业资格的专业技术人员；

（三）有从事相关建筑活动所应有的技术装备；

（四）法律、行政法规规定的其他条件。

第十三条　从事建筑活动的建筑施工企业、勘察单位、设计单位和工程监理单位，按照其拥有的注册资本、专业技术人员、技术装备和已完成的建筑工程业绩等资质条件，划分为不同的资质等级，经资质审查合格，取得相应等级的资质证书后，方可在其资质等级许可的范围内从事建筑活动。

第十四条　从事建筑活动的专业技术人员，应当依法取得相应的执业资格证书，并在执业资格证书许可的范围内从事建筑活动。

1.1.4　建筑工程质量管理

第五十二条　建筑工程勘察、设计、施工的质量必须符合国家有关建筑工程安全标准的要求，具体管理办法由国务院规定。

有关建筑工程安全的国家标准不能适应确保建筑安全的要求时，应当及时修订。

第五十三条　国家对从事建筑活动的单位推行质量体系认证制度。从事建筑活动的单位根据自愿原则可以向国务院产品质量监督管理部门或者国务院产品质量监督管理部门授权的部门认可的认证机构申请质量体系认证。经认证合格的，由认证机构颁发质量体系认证证书。

第五十四条　建设单位不得以任何理由，要求建筑设计单位或者建筑施工企业在工程设计或者施工作业中，违反法律、行政法规和建筑工程质量、安全标准，降低工程质量。

建筑设计单位和建筑施工企业对建设单位违反前款规定提出的降低工程质量的要求，应当予以拒绝。

第五十五条　建筑工程实行总承包的，工程质量由工程总承包单位负责，总承包单位将建筑工程分包给其他单位的，应当对分包工程的质量与分包单位承担连带责任。分包单位应当接受总承包单位的质量管理。

第五十六条　建筑工程的勘察、设计单位必须对其勘察、设计的质量负责。勘察、设计文件应当符合有关法律、行政法规的规定和建筑工程质量、安全标准、建筑工程勘察、设计技术规范以及合同的约定。设计文件选用的建筑材料、建筑构配件和设备，应当注明其规格、型号、性能等技术指标，其质量要求必须符合国家规定的标准。

第五十七条 建筑设计单位对设计文件选用的建筑材料、建筑构配件和设备，不得指定生产厂、供应商。

第五十八条 建筑施工企业对工程的施工质量负责。

建筑施工企业必须按照工程设计图纸和施工技术标准施工，不得偷工减料。工程设计的修改由原设计单位负责，建筑施工企业不得擅自修改工程设计。

第五十九条 建筑施工企业必须按照工程设计要求、施工技术标准和合同的约定，对建筑材料、建筑构配件和设备进行检验，不合格的不得使用。

第六十条 建筑物在合理使用寿命内，必须确保地基基础工程和主体结构的质量。

建筑工程竣工时，屋顶、墙面不得留有渗漏、开裂等质量缺陷；对已发现的质量缺陷，建筑施工企业应当修复。

第六十一条 交付竣工验收的建筑工程，必须符合规定的建筑工程质量标准，有完整的工程技术经济资料和经签署的工程保修书，并具备国家规定的其他竣工条件。

建筑工程竣工经验收合格后，方可交付使用；未经验收或者验收不合格的，不得交付使用。

第六十二条 建筑工程实行质量保修制度。

建筑工程的保修范围应当包括地基基础工程、主体结构工程、屋面防水工程和其他土建工程，以及电气管线、上下水管线的安装工程，供热、供冷系统工程等项目；保修的期限应当按照保证建筑物合理寿命年限内正常使用，维护使用者合法权益的原则确定。具体的保修范围和最低保修期限由国务院规定。

第六十三条 任何单位和个人对建筑工程的质量事故、质量缺陷都有权向建设行政主管部门或者其他有关部门进行检举、控告、投诉。

第 2 节 《中华人民共和国消防法（2021 年修正）》（节选）

1.2.1 火灾预防

第八条 地方各级人民政府应当将包括消防安全布局、消防站、消防供水、消防通信、消防车通道、消防装备等内容的消防规划纳入城乡规划，并负责组织实施。

城乡消防安全布局不符合消防安全要求的，应当调整、完善；公共消防设施、消防装备不足或者不适应实际需要的，应当增建、改建、配置或者进行技术改造。

第九条 建设工程的消防设计、施工必须符合国家工程建设消防技术标准。建设、设计、施工、工程监理等单位依法对建设工程的消防设计、施工质量负责。

第十条 对按照国家工程建设消防技术标准需要进行消防设计的建设工程，实行建设工程消防设计审查验收制度。

第十一条 国务院住房和城乡建设主管部门规定的特殊建设工程，建设单位应当将消防设计文件报送住房和城乡建设主管部门审查，住房和城乡建设主管部门依法对审查的结果负责。

前款规定以外的其他建设工程，建设单位申请领取施工许可证或者申请批准开工报告时应当提供满足施工需要的消防设计图纸及技术资料。

第十二条 特殊建设工程未经消防设计审查或者审查不合格的，建设单位、施工单位不得施工；其他建设工程，建设单位未提供满足施工需要的消防设计图纸及技术资料的，有关部门不得发放施工许可证或者批准开工报告。

第十三条　国务院住房和城乡建设主管部门规定应当申请消防验收的建设工程竣工，建设单位应当向住房和城乡建设主管部门申请消防验收。

前款规定以外的其他建设工程，建设单位在验收后应当报住房和城乡建设主管部门备案，住房和城乡建设主管部门应当进行抽查。

依法应当进行消防验收的建设工程，未经消防验收或者消防验收不合格的，禁止投入使用；其他建设工程经依法抽查不合格的，应当停止使用。

第十四条　建设工程消防设计审查、消防验收、备案和抽查的具体办法，由国务院住房和城乡建设主管部门规定。

第十五条　公众聚集场所投入使用、营业前消防安全检查实行告知承诺管理。公众聚集场所在投入使用、营业前，建设单位或者使用单位应当向场所所在地的县级以上地方人民政府消防救援机构申请消防安全检查，作出场所符合消防技术标准和管理规定的承诺，提交规定的材料，并对其承诺和材料的真实性负责。

消防救援机构对申请人提交的材料进行审查；申请材料齐全、符合法定形式的，应当予以许可。消防救援机构应当根据消防技术标准和管理规定，及时对作出承诺的公众聚集场所进行核查。

申请人选择不采用告知承诺方式办理的，消防救援机构应当自受理申请之日起十个工作日内，根据消防技术标准和管理规定，对该场所进行检查。经检查符合消防安全要求的，应当予以许可。

公众聚集场所未经消防救援机构许可的，不得投入使用、营业。消防安全检查的具体办法，由国务院应急管理部门制定

第十六条　机关、团体、企业、事业等单位应当履行下列消防安全职责：

（一）落实消防安全责任制，制定本单位的消防安全制度、消防安全操作规程，制定灭火和应急疏散预案；（二）按照国家标准、行业标准配置消防设施、器材，设置消防安全标志，并定期组织检验、维修，确保完好有效；（三）对建筑消防设施每年至少进行一次全面检测，确保完好有效，检测记录应当完整准确，存档备查；（四）保障疏散通道、安全出口、消防车通道畅通，保证防火防烟分区、防火间距符合消防技术标准；（五）组织防火检查，及时消除火灾隐患；（六）组织进行有针对性的消防演练；（七）法律、法规规定的其他消防安全职责。

单位的主要负责人是本单位的消防安全责任人。

第十七条　县级以上地方人民政府消防救援机构应当将发生火灾可能性较大以及发生火灾可能造成重大的人身伤亡或者财产损失的单位，确定为本行政区域内的消防安全重点单位，并由应急管理部门报本级人民政府备案。

消防安全重点单位除应当履行本法第十六条规定的职责外，还应当履行下列消防安全职责：

（一）确定消防安全管理人，组织实施本单位的消防安全管理工作；（二）建立消防档案，确定消防安全重点部位，设置防火标志，实行严格管理；（三）实行每日防火巡查，并建立巡查记录；（四）对职工进行岗前消防安全培训，定期组织消防安全培训和消防

演练。

　　第十八条　同一建筑物由两个以上单位管理或者使用的，应当明确各方的消防安全责任，并确定责任人对共用的疏散通道、安全出口、建筑消防设施和消防车通道进行统一管理。

　　住宅区的物业服务企业应当对管理区域内的共用消防设施进行维护管理，提供消防安全防范服务。

　　第十九条　生产、储存、经营易燃易爆危险品的场所不得与居住场所设置在同一建筑物内，并应当与居住场所保持安全距离。

　　生产、储存、经营其他物品的场所与居住场所设置在同一建筑物内的，应当符合国家工程建设消防技术标准。

　　第二十条　举办大型群众性活动，承办人应当依法向公安机关申请安全许可，制定灭火和应急疏散预案并组织演练，明确消防安全责任分工，确定消防安全管理人员，保持消防设施和消防器材配置齐全、完好有效，保证疏散通道、安全出口、疏散指示标志、应急照明和消防车通道符合消防技术标准和管理规定。

　　第二十一条　禁止在具有火灾、爆炸危险的场所吸烟、使用明火。因施工等特殊情况需要使用明火作业的，应当按照规定事先办理审批手续，采取相应的消防安全措施；作业人员应当遵守消防安全规定。

　　进行电焊、气焊等具有火灾危险作业的人员和自动消防系统的操作人员，必须持证上岗，并遵守消防安全操作规程。

　　第二十二条　生产、储存、装卸易燃易爆危险品的工厂、仓库和专用车站、码头的设置，应当符合消防技术标准。易燃易爆气体和液体的充装站、供应站、调压站，应当设置在符合消防安全要求的位置，并符合防火防爆要求。

　　已经设置的生产、储存、装卸易燃易爆危险品的工厂、仓库和专用车站、码头，易燃易爆气体和液体的充装站、供应站、调压站，不再符合前款规定的，地方人民政府应当组织、协调有关部门、单位限期解决，消除安全隐患。

　　第二十三条　生产、储存、运输、销售、使用、销毁易燃易爆危险品，必须执行消防技术标准和管理规定。进入生产、储存易燃易爆危险品的场所，必须执行消防安全规定。禁止非法携带易燃易爆危险品进入公共场所或者乘坐公共交通工具。储存可燃物资仓库的管理，必须执行消防技术标准和管理规定。

　　第二十四条　消防产品必须符合国家标准；没有国家标准的，必须符合行业标准。禁止生产、销售或者使用不合格的消防产品以及国家明令淘汰的消防产品。

　　依法实行强制性产品认证的消防产品，由具有法定资质的认证机构按照国家标准、行业标准的强制性要求认证合格后，方可生产、销售、使用。实行强制性产品认证的消防产品目录，由国务院产品质量监督部门会同国务院应急管理部门制定并公布。

　　新研制的尚未制定国家标准、行业标准的消防产品，应当按照国务院产品质量监督部门会同国务院应急管理部门规定的办法，经技术鉴定符合消防安全要求的，方可生产、销售、使用。

　　依照本条规定经强制性产品认证合格或者技术鉴定合格的消防产品，国务院应急管理部门消防机构应当予以公布。

第二十五条　产品质量监督部门、工商行政管理部门、消防救援机构应当按照各自职责加强对消防产品质量的监督检查。

第二十六条　建筑构件、建筑材料和室内装修、装饰材料的防火性能必须符合国家标准；没有国家标准的，必须符合行业标准。人员密集场所室内装修、装饰，应当按照消防技术标准的要求，使用不燃、难燃材料。

第二十七条　电器产品、燃气用具的产品标准，应当符合消防安全的要求。

电器产品、燃气用具的安装、使用及其线路、管路的设计、敷设、维护保养、检测，必须符合消防技术标准和管理规定。

第二十八条　任何单位、个人不得损坏、挪用或者擅自拆除、停用消防设施、器材，不得埋压、圈占、遮挡消火栓或者占用防火间距，不得占用、堵塞、封闭疏散通道、安全出口、消防车通道。人员密集场所的门窗不得设置影响逃生和灭火救援的障碍物。

第二十九条　负责公共消防设施维护管理的单位，应当保持消防供水、消防通信、消防车通道等公共消防设施的完好有效。在修建道路以及停电、停水、截断通信线路时有可能影响消防队灭火救援的，有关单位必须事先通知当地消防救援机构。

第三十条　地方各级人民政府应当加强对农村消防工作的领导，采取措施加强公共消防设施建设，组织建立和督促落实消防安全责任制。

第三十一条　在农业收获季节、森林和草原防火期间、重大节假日期间以及火灾多发季节，地方各级人民政府应当组织开展有针对性的消防宣传教育，采取防火措施，进行消防安全检查。

第三十二条　乡镇人民政府、城市街道办事处应当指导、支持和帮助村民委员会、居民委员会开展群众性的消防工作。村民委员会、居民委员会应当确定消防安全管理人，组织制定防火安全公约，进行防火安全检查。

第三十三条　国家鼓励、引导公众聚集场所和生产、储存、运输、销售易燃易爆危险品的企业投保火灾公众责任保险；鼓励保险公司承保火灾公众责任保险。

第三十四条　消防设施维护保养检测、消防安全评估等消防技术服务机构应当符合以上条件，执业人员应当依法获得相应的资格；依照法律、行政法规、国家标准、行业标准和执业准则，接受委托提供消防技术服务，并对服务质量负责。

1.2.2　监督检查

第五十二条　地方各级人民政府应当落实消防工作责任制，对本级人民政府有关部门履行消防安全职责的情况进行监督检查。县级以上地方人民政府有关部门应当根据本系统的特点，有针对性地开展消防安全检查，及时督促整改火灾隐患。

第五十三条　消防救援机构应当对机关、团体、企业、事业等单位遵守消防法律、法规的情况依法进行监督检查。公安派出所可以负责日常消防监督检查、开展消防宣传教育，具体办法由国务院公安部门规定。消防救援机构、公安派出所的工作人员进行消防监督检查，应当出示证件。

第五十四条　消防救援机构在消防监督检查中发现火灾隐患的，应当通知有关单位或者个人立即采取措施消除隐患；不及时消除隐患可能严重威胁公共安全的，消防救援机构应当依照规定对危险部位或者场所采取临时查封措施。

第五十五条　消防救援机构在消防监督检查中发现城乡消防安全布局、公共消防设施不符合消防安全要求，或者发现本地区存在影响公共安全的重大火灾隐患的，应当由应急管理部门书面报告本级人民政府。接到报告的人民政府应当及时核实情况，组织或者责成有关部门、单位采取措施，予以整改。

第五十六条　住房和城乡建设主管部门、消防救援机构及其工作人员应当按照法定的职权和程序进行消防设计审查、消防验收、备案抽查和消防安全检查，做到公正、严格、文明、高效。

住房和城乡建设主管部门、消防救援机构及其工作人员进行消防设计审查、消防验收、备案抽查和消防安全检查等，不得收取费用，不得利用职务谋取利益；不得利用职务为用户、建设单位指定或者变相指定消防产品的品牌、销售单位或者消防技术服务机构、消防设施施工单位。

第五十七条　住房和城乡建设主管部门、消防救援机构及其工作人员执行职务，应当自觉接受社会和公民的监督。

任何单位和个人都有权对住房和城乡建设主管部门、消防救援机构及其工作人员在执法中的违法行为进行检举、控告。收到检举、控告的机关，应当按照职责及时查处。

1.2.3　法律责任

第五十八条　违反本法规定，有下列行为之一的，由住房和城乡建设主管部门、消防救援机构按照各自职权责令停止施工、停止使用或者停产停业，并处三万元以上三十万元以下罚款：

（一）依法应当进行消防设计审查的建设工程，未经依法审查或者审查不合格，擅自施工的；（二）依法应当进行消防验收的建设工程，未经消防验收或者消防验收不合格，擅自投入使用的；（三）本法第十三条规定的其他建设工程验收后经依法抽查不合格，不停止使用的；（四）公众聚集场所未经消防救援机构许可，擅自投入使用、营业的，或者经检查发现场所使用、营业情况与承诺内容不符的。核查发现公众聚集场所使用、营业情况与承诺内容不符，经责令限期改正，逾期不整改或整改后仍达不到要求的，依法撤销相应许可。

建设单位未依照本法规定在验收后报住房和城乡建设主管部门备案的，由住房和城乡建设主管部门责令改正，处五千元以下罚款。

第五十九条　违反本法规定，有下列行为之一的，由住房和城乡建设主管部门责令改正或者停止施工，并处一万元以上十万元以下罚款：

（一）建设单位要求建筑设计单位或者建筑施工企业降低消防技术标准设计、施工的；（二）建筑设计单位不按照消防技术标准强制性要求进行消防设计的；（三）建筑施工企业不按照消防设计文件和消防技术标准施工，降低消防施工质量的；（四）工程监理单位与建设单位或者建筑施工企业串通，弄虚作假，降低消防施工质量的。

第六十条　单位违反本法规定，有下列行为之一的，责令改正，处五千元以上五万元以下罚款：

（一）消防设施、器材或者消防安全标志的配置、设置不符合国家标准、行业标准，或者未保持完好有效的；（二）损坏、挪用或者擅自拆除、停用消防设施、器材的；（三）占用、堵塞、封闭疏散通道、安全出口或者有其他妨碍安全疏散行为的；（四）埋压、圈占、遮挡消火栓或者占用防火间距的；（五）占用、堵塞、封闭消防车通道，妨碍消防车通行的；（六）人员密集场所在门窗上设置影响逃生和灭火救援的障碍物的；（七）对火灾隐患经消防救援机构通知后不及时采取措施消除的。

个人有前款第二项、第三项、第四项、第五项行为之一的，处警告或者五百元以下罚款。有本条第一款第三项、第四项、第五项、第六项行为，经责令改正拒不改正的，强制执行，所需费用由违法行为人承担。

第六十一条　生产、储存、经营易燃易爆危险品的场所与居住场所设置在同一建筑物内，或者未与居住场所保持安全距离的，责令停产停业，并处五千元以上五万元以下罚款。生产、储存、经营其他物品的场所与居住场所设置在同一建筑物内，不符合消防技术标准的，依照前款规定处罚。

第六十二条　有下列行为之一的，依照《中华人民共和国治安管理处罚法》的规定处罚：

（一）违反有关消防技术标准和管理规定生产、储存、运输、销售、使用、销毁易燃易爆危险品的；（二）非法携带易燃易爆危险品进入公共场所或者乘坐公共交通工具的；（三）谎报火警的；（四）阻碍消防车、消防艇执行任务的；（五）阻碍消防救援机构的工作人员依法执行职务的。

第六十三条　违反本法规定，有下列行为之一的，处警告或者五百元以下罚款；情节严重的，处五日以下拘留：

（一）违反消防安全规定进入生产、储存易燃易爆危险品场所的；

（二）违反规定使用明火作业或者在具有火灾、爆炸危险的场所吸烟、使用明火的。

第六十四条　违反本法规定，有下列行为之一，尚不构成犯罪的，处十日以上十五日以下拘留，可以并处五百元以下罚款；情节较轻的，处警告或者五百元以下罚款：

（一）指使或者强令他人违反消防安全规定，冒险作业的；（二）过失引起火灾的；（三）在火灾发生后阻拦报警，或者负有报告职责的人员不及时报警的；（四）扰乱火灾现场秩序，或者拒不执行火灾现场指挥员指挥，影响灭火救援的；（五）故意破坏或者伪造火灾现场的；（六）擅自拆封或者使用被消防救援机构查封的场所、部位的。

第六十五条　违反本法规定，生产、销售不合格的消防产品或者国家明令淘汰的消防产品的，由产品质量监督部门或者工商行政管理部门依照《中华人民共和国产品质量法》的规定从重处罚。

人员密集场所使用不合格的消防产品或者国家明令淘汰的消防产品的，责令限期改正；逾期不改正的，处五千元以上五万元以下罚款，并对其直接负责的主管人员和其他直接责任人员处五百元以上二千元以下罚款；情节严重的，责令停产停业。

消防救援机构对于本条第二款规定的情形，除依法对使用者予以处罚外，应当将发现不合格的消防产品和国家明令淘汰的消防产品的情况通报产品质量监督部门、工商行政管理部门。产品质量监督部门、工商行政管理部门应当对生产者、销售者依法及时查处。

第六十六条　电器产品、燃气用具的安装、使用及其线路、管路的设计、敷设、维护保养、检测不符合消防技术标准和管理规定的，责令限期改正；逾期不改正的，责令停止使用，可以并处一千元以上五千元以下罚款。

第六十九条　消防设施维护保养检测、消防安全评估等消防技术服务机构，不具备从业条件从事消防技术服务活动或者出具虚假文件的，由消防救援机构责令改正，处五万元以上十万元以下罚款，并对直接负责的主管人员和其他直接责任人员处一万元以上五万元以下罚款；不按照国家标准、行业标准开展消防技术服务活动的，责令改正，处五万元以下罚款，并对直接负责的主管人员和其他直接责任人员处一万元以下罚款；有违法所得的，并处没收违法所得；给他人造成损失的，依法承担赔偿责任；情节严重的，依法责令停止执业或者吊销相应资格；造成重大损失的，由相关部门吊销营业执照，并对有关责任人员采取终身市场禁入措施。

前款规定的机构出具失实文件，给他人造成损失的，依法承担赔偿责任；造成重大损失的，由消防救援机构依法责令停止执业或者吊销相应资格，由相关部门吊销营业执照，并对有关责任人员采取终身市场禁入措施。

第七十条　本法规定的行政处罚，除应当由公安机关依照《中华人民共和国治安管理处罚法》的有关规定决定的外，由住房和城乡建设主管部门、消防救援机构按照各自职权决定。

被责令停止施工、停止使用、停产停业的，应当在整改后向做出决定的部门或者机构报告，经检查合格，方可恢复施工、使用、生产、经营。当事人逾期不执行停产停业、停止使用、停止施工决定的，由做出决定的部门或者机构强制执行。责令停产停业，对经济和社会生活影响较大的，由住房和城乡建设主管部门或者应急管理部门报请本级人民政府依法决定。

第七十一条　住房和城乡建设主管部门、消防救援机构的工作人员滥用职权、玩忽职守、徇私舞弊，有下列行为之一，尚不构成犯罪的，依法给予处分：

（一）对不符合消防安全要求的消防设计文件、建设工程、场所准予审查合格、消防验收合格、消防安全检查合格的；（二）无故拖延消防设计审查、消防验收、消防安全检查，不在法定期限内履行职责的；（三）发现火灾隐患不及时通知有关单位或者个人整改的；（四）利用职务为用户、建设单位指定或者变相指定消防产品的品牌、销售单位或者消防技术服务机构、消防设施施工单位的；（五）将消防车、消防艇以及消防器材、装备和设施用于与消防和应急救援无关的事项的；（六）其他滥用职权、玩忽职守、徇私舞弊的行为。

产品质量监督、工商行政管理等其他有关行政主管部门的工作人员在消防工作中滥用职权、玩忽职守、徇私舞弊，尚不构成犯罪的，依法给予处分。

第 3 节　《中华人民共和国节约能源法（2018 年修正）》（节选）

1.3.1　总则

第一条　为了推动全社会节约能源，提高能源利用效率，保护和改善环境，促进经济社会全面协调可持续发展，制定本法。

第二条　本法所称能源，是指煤炭、石油、天然气、生物质能和电力、热力以及其他直接或者通过加工、转换而取得有用能的各种资源。

第三条　本法所称节约能源（以下简称节能），是指加强用能管理，采取技术上可行、经济上合理以及环境和社会可以承受的措施，从能源生产到消费的各个环节，降低消耗、减少损失和污染物排放、制止浪费，有效、合理地利用能源。

第四条　节约资源是我国的基本国策。国家实施节约与开发并举、把节约放在首位的能源发展战略。

第五条　国务院和县级以上地方各级人民政府应当将节能工作纳入国民经济和社会发展规划、年度计划，并组织编制和实施节能中长期专项规划、年度节能计划。

国务院和县级以上地方各级人民政府每年向本级人民代表大会或者其常务委员会报告节能工作。

第六条　国家实行节能目标责任制和节能考核评价制度，将节能目标完成情况作为对地方人民政府及其负责人考核评价的内容。

省、自治区、直辖市人民政府每年向国务院报告节能目标责任的履行情况。

第七条　国家实行有利于节能和环境保护的产业政策，限制发展高耗能、高污染行业，发展节能环保型产业。

国务院和省、自治区、直辖市人民政府应当加强节能工作，合理调整产业结构、企业结构、产品结构和能源消费结构，推动企业降低单位产值能耗和单位产品能耗，淘汰落后的生产能力，改进能源的开发、加工、转换、输送、储存和供应，提高能源利用效率。

国家鼓励、支持开发和利用新能源、可再生能源。

第八条　国家鼓励、支持节能科学技术的研究、开发、示范和推广，促进节能技术创新与进步。

国家开展节能宣传和教育，将节能知识纳入国民教育和培训体系，普及节能科学知识，增强全民的节能意识，提倡节约型的消费方式。

第九条　任何单位和个人都应当依法履行节能义务，有权检举浪费能源的行为。

新闻媒体应当宣传节能法律、法规和政策，发挥舆论监督作用。

第十条　国务院管理节能工作的部门主管全国的节能监督管理工作。国务院有关部门在各自的职责范围内负责节能监督管理工作，并接受国务院管理节能工作的部门的指导。

县级以上地方各级人民政府管理节能工作的部门负责本行政区域内的节能监督管理工作。县级以上地方各级人民政府有关部门在各自的职责范围内负责节能监督管理工作，并接受同级管理节能工作的部门的指导。

1.3.2　节能管理

第十一条　国务院和县级以上地方各级人民政府应当加强对节能工作的领导，部署、协调、监督、检查、推动节能工作。

第十二条　县级以上人民政府管理节能工作的部门和有关部门应当在各自的职责范围内，加强对节能法律、法规和节能标准执行情况的监督检查，依法查处违法用能行为。

履行节能监督管理职责不得向监督管理对象收取费用。

第十三条　国务院标准化主管部门和国务院有关部门依法组织制定并适时修订有关节能的国家标准、行业标准，建立健全节能标准体系。

国务院标准化主管部门会同国务院管理节能工作的部门和国务院有关部门制定强制性的用能产品、设备能源效率标准和生产过程中耗能高的产品的单位产品能耗限额标准。

国家鼓励企业制定严于国家标准、行业标准的企业节能标准。

省、自治区、直辖市制定严于强制性国家标准、行业标准的地方节能标准，由省、自治区、直辖市人民政府报经国务院批准；本法另有规定的除外。

第十四条　建筑节能的国家标准、行业标准由国务院建设主管部门组织制定，并依照法定程序发布。

省、自治区、直辖市人民政府建设主管部门可以根据本地实际情况，制定严于国家标准或者行业标准的地方建筑节能标准，并报国务院标准化主管部门和国务院建设主管部门备案。

第十五条　国家实行固定资产投资项目节能评估和审查制度。不符合强制性节能标准的项目，建设单位不得开工建设；已经建成的，不得投入生产、使用。政府投资项目不符合强制性节能标准的，依法负责项目审批的机关不得批准建设。具体办法由国务院管理节能工作的部门会同国务院有关部门制定。

第十六条　国家对落后的耗能过高的用能产品、设备和生产工艺实行淘汰制度。淘汰的用能产品、设备、生产工艺的目录和实施办法，由国务院管理节能工作的部门会同国务院有关部门制定并公布。

生产过程中耗能高的产品的生产单位，应当执行单位产品能耗限额标准。对超过单位产品能耗限额标准用能的生产单位，由管理节能工作的部门按照国务院规定的权限责令限期治理。

对高耗能的特种设备，按照国务院的规定实行节能审查和监管。

第十七条　禁止生产、进口、销售国家明令淘汰或者不符合强制性能源效率标准的用能产品、设备；禁止使用国家明令淘汰的用能设备、生产工艺。

第十八条　国家对家用电器等使用面广、耗能量大的用能产品，实行能源效率标识管理。实行能源效率标识管理的产品目录和实施办法，由国务院管理节能工作的部门会同国务院市场监督管理部门制定并公布。

第十九条　生产者和进口商应当对列入国家能源效率标识管理产品目录的用能产品标注能源效率标识，在产品包装物上或者说明书中予以说明，并按照规定报国务院市场监督管理部门和国务院管理节能工作的部门共同授权的机构备案。

生产者和进口商应当对其标注的能源效率标识及相关信息的准确性负责。禁止销售应当标注而未标注能源效率标识的产品。

禁止伪造、冒用能源效率标识或者利用能源效率标识进行虚假宣传。

第二十条　用能产品的生产者、销售者，可以根据自愿原则，按照国家有关节能产品认证的规定，向经国务院认证认可监督管理部门认可的从事节能产品认证的机构提出节能产品认证申请；经认证合格后，取得节能产品认证证书，可以在用能产品或者其包装物上使用节能产品认证标志。

禁止使用伪造的节能产品认证标志或者冒用节能产品认证标志。

第二十一条　县级以上各级人民政府统计部门应当会同同级有关部门，建立健全能源统计制度，完善能源统计指标体系，改进和规范能源统计方法，确保能源统计数据真实、完整。

国务院统计部门会同国务院管理节能工作的部门，定期向社会公布各省、自治区、直辖市以及主要耗能行业的能源消费和节能情况等信息。

第二十二条　国家鼓励节能服务机构的发展，支持节能服务机构开展节能咨询、设计、评估、检测、审计、认证等服务。

国家支持节能服务机构开展节能知识宣传和节能技术培训，提供节能信息、节能示范和其他公益性节能服务。

第二十三条   国家鼓励行业协会在行业节能规划、节能标准的制定和实施、节能技术推广、能源消费统计、节能宣传培训和信息咨询等方面发挥作用。

1.3.3   合理使用与节约能源

第二十四条   用能单位应当按照合理用能的原则，加强节能管理，制定并实施节能计划和节能技术措施，降低能源消耗。

第二十五条   用能单位应当建立节能目标责任制，对节能工作取得成绩的集体、个人给予奖励。

第二十六条   用能单位应当定期开展节能教育和岗位节能培训。

第二十七条   用能单位应当加强能源计量管理，按照规定配备和使用经依法检定合格的能源计量器具。

用能单位应当建立能源消费统计和能源利用状况分析制度，对各类能源的消费实行分类计量和统计，并确保能源消费统计数据真实、完整。

第二十八条   能源生产经营单位不得向本单位职工无偿提供能源。任何单位不得对能源消费实行包费制。

第二十九条   国务院和省、自治区、直辖市人民政府推进能源资源优化开发利用和合理配置，推进有利于节能的行业结构调整，优化用能结构和企业布局。

第三十条   国务院管理节能工作的部门会同国务院有关部门制定电力、钢铁、有色金属、建材、石油加工、化工、煤炭等主要耗能行业的节能技术政策，推动企业节能技术改造。

第三十一条   国家鼓励工业企业采用高效、节能的电动机、锅炉、窑炉、风机、泵类等设备，采用热电联产、余热余压利用、洁净煤以及先进的用能监测和控制等技术。

第三十二条   电网企业应当按照国务院有关部门制定的节能发电调度管理的规定，安排清洁、高效和符合规定的热电联产、利用余热余压发电的机组以及其他符合资源综合利用规定的发电机组与电网并网运行，上网电价执行国家有关规定。

第三十三条   禁止新建不符合国家规定的燃煤发电机组、燃油发电机组和燃煤热电机组。

第三十四条   国务院建设主管部门负责全国建筑节能的监督管理工作。

县级以上地方各级人民政府建设主管部门负责本行政区域内建筑节能的监督管理工作。

县级以上地方各级人民政府建设主管部门会同同级管理节能工作的部门编制本行政区域内的建筑节能规划。建筑节能规划应当包括既有建筑节能改造计划。

第三十五条   建筑工程的建设、设计、施工和监理单位应当遵守建筑节能标准。

不符合建筑节能标准的建筑工程，建设主管部门不得批准开工建设；已经开工建设的，应当责令停止施工、限期改正；已经建成的，不得销售或者使用。

建设主管部门应当加强对在建建筑工程执行建筑节能标准情况的监督检查。

第三十六条   房地产开发企业在销售房屋时，应当向购买人明示所售房屋的节能措施、保温工程保修期等信息，在房屋买卖合同、质量保证书和使用说明书中载明，并对其真实性、准确性负责。

第三十七条　使用空调采暖、制冷的公共建筑应当实行室内温度控制制度。具体办法由国务院建设主管部门制定。

第三十八条　国家采取措施，对实行集中供热的建筑分步骤实行供热分户计量、按照用热量收费的制度。新建建筑或者对既有建筑进行节能改造，应当按照规定安装用热计量装置、室内温度调控装置和供热系统调控装置。具体办法由国务院建设主管部门会同国务院有关部门制定。

第三十九条　县级以上地方各级人民政府有关部门应当加强城市节约用电管理，严格控制公用设施和大型建筑物装饰性景观照明的能耗。

第四十条　国家鼓励在新建建筑和既有建筑节能改造中使用新型墙体材料等节能建筑材料和节能设备，安装和使用太阳能等可再生能源利用系统。

1.3.4　节能技术进步

第五十六条　国务院管理节能工作的部门会同国务院科技主管部门发布节能技术政策大纲，指导节能技术研究、开发和推广应用。

第五十七条　县级以上各级人民政府应当把节能技术研究开发作为政府科技投入的重点领域，支持科研单位和企业开展节能技术应用研究，制定节能标准，开发节能共性和关键技术，促进节能技术创新与成果转化。

第五十八条　国务院管理节能工作的部门会同国务院有关部门制定并公布节能技术、节能产品的推广目录，引导用能单位和个人使用先进的节能技术、节能产品。

国务院管理节能工作的部门会同国务院有关部门组织实施重大节能科研项目、节能示范项目、重点节能工程。

第五十九条　县级以上各级人民政府应当按照因地制宜、多能互补、综合利用、讲求效益的原则，加强农业和农村节能工作，增加对农业和农村节能技术、节能产品推广应用的资金投入。

农业、科技等有关主管部门应当支持、推广在农业生产、农产品加工储运等方面应用节能技术和节能产品，鼓励更新和淘汰高耗能的农业机械和渔业船舶。

国家鼓励、支持在农村大力发展沼气，推广生物质能、太阳能和风能等可再生能源利用技术，按照科学规划、有序开发的原则发展小型水力发电，推广节能型的农村住宅和炉灶等，鼓励利用非耕地种植能源植物，大力发展薪炭林等能源林。

1.3.5　激励措施

第六十条　中央财政和省级地方财政安排节能专项资金，支持节能技术研究开发、节能技术和产品的示范与推广、重点节能工程的实施、节能宣传培训、信息服务和表彰奖励等。

第六十一条　国家对生产、使用列入本法第五十八条规定的推广目录的需要支持的节能技术、节能产品，实行税收优惠等扶持政策。

国家通过财政补贴支持节能照明器具等节能产品的推广和使用。

第六十二条　国家实行有利于节约能源资源的税收政策，健全能源矿产资源有偿使用制度，促进能源资源的节约及其开采利用水平的提高。

第六十三条　国家运用税收等政策，鼓励先进节能技术、设备的进口，控制在生产过程中耗能高、污染重的产品的出口。

第六十四条　政府采购监督管理部门会同有关部门制定节能产品、设备政府采购名录，应当优先列入取得节能产品认证证书的产品、设备。

第六十五条　国家引导金融机构增加对节能项目的信贷支持，为符合条件的节能技术研究开发、节能产品生产以及节能技术改造等项目提供优惠贷款。

国家推动和引导社会有关方面加大对节能的资金投入，加快节能技术改造。

第六十六条　国家实行有利于节能的价格政策，引导用能单位和个人节能。

国家运用财税、价格等政策，支持推广电力需求侧管理、合同能源管理、节能自愿协议等节能办法。

国家实行峰谷分时电价、季节性电价、可中断负荷电价制度，鼓励电力用户合理调整用电负荷；对钢铁、有色金属、建材、化工和其他主要耗能行业的企业，分淘汰、限制、允许和鼓励类实行差别电价政策。

第六十七条　各级人民政府对在节能管理、节能科学技术研究和推广应用中有显著成绩以及检举严重浪费能源行为的单位和个人，给予表彰和奖励。

1.3.6　法律责任

第六十八条　负责审批政府投资项目的机关违反本法规定，对不符合强制性节能标准的项目予以批准建设的，对直接负责的主管人员和其他直接责任人员依法给予处分。

固定资产投资项目建设单位开工建设不符合强制性节能标准的项目或者将该项目投入生产、使用的，由管理节能工作的部门责令停止建设或者停止生产、使用，限期改造；不能改造或者逾期不改造的生产性项目，由管理节能工作的部门报请本级人民政府按照国务院规定的权限责令关闭。

第六十九条　生产、进口、销售国家明令淘汰的用能产品、设备的，使用伪造的节能产品认证标志或者冒用节能产品认证标志的，依照《中华人民共和国产品质量法》的规定处罚。

第七十条　生产、进口、销售不符合强制性能源效率标准的用能产品、设备的，由市场监督管理部门责令停止生产、进口、销售，没收违法生产、进口、销售的用能产品、设备和违法所得，并处违法所得一倍以上五倍以下罚款；情节严重的，吊销营业执照。

第七十一条　使用国家明令淘汰的用能设备或者生产工艺的，由管理节能工作的部门责令停止使用，没收国家明令淘汰的用能设备；情节严重的，可以由管理节能工作的部门提出意见，报请本级人民政府按照国务院规定的权限责令停业整顿或者关闭。

第七十二条　生产单位超过单位产品能耗限额标准用能，情节严重，经限期治理逾期不治理或者没有达到治理要求的，可以由管理节能工作的部门提出意见，报请本级人民政府按照国务院规定的权限责令停业整顿或者关闭。

第七十三条　违反本法规定，应当标注能源效率标识而未标注的，由市场监督管理部门责令改正，处三万元以上五万元以下罚款。

违反本法规定，未办理能源效率标识备案，或者使用的能源效率标识不符合规定的，由市场监督管理部门责令限期改正；逾期不改正的，处一万元以上三万元以下罚款。

伪造、冒用能源效率标识或者利用能源效率标识进行虚假宣传的，由市场监督管理部门责令改正，处五万元以上十万元以下罚款；情节严重的，吊销营业执照。

第七十四条　用能单位未按照规定配备、使用能源计量器具的，由市场监督管理部门责令限期改正；逾期不改正的，处一万元以上五万元以下罚款。

第七十五条　瞒报、伪造、篡改能源统计资料或者编造虚假能源统计数据的，依照《中华人民共和国统计法》的规定处罚。

第七十六条　从事节能咨询、设计、评估、检测、审计、认证等服务的机构提供虚假信息的，由管理节能工作的部门责令改正，没收违法所得，并处五万元以上十万元以下罚款。

第七十七条　违反本法规定，无偿向本单位职工提供能源或者对能源消费实行包费制的，由管理节能工作的部门责令限期改正；逾期不改正的，处五万元以上二十万元以下罚款。

第七十八条　电网企业未按照本法规定安排符合规定的热电联产和利用余热余压发电的机组与电网并网运行，或者未执行国家有关上网电价规定的，由国家电力监管机构责令改正；造成发电企业经济损失的，依法承担赔偿责任。

第七十九条　建设单位违反建筑节能标准的，由建设主管部门责令改正，处二十万元以上五十万元以下罚款。

设计单位、施工单位、监理单位违反建筑节能标准的，由建设主管部门责令改正，处十万元以上五十万元以下罚款；情节严重的，由颁发资质证书的部门降低资质等级或者吊销资质证书；造成损失的，依法承担赔偿责任。

第八十条　房地产开发企业违反本法规定，在销售房屋时未向购买人明示所售房屋的节能措施、保温工程保修期等信息的，由建设主管部门责令限期改正，逾期不改正的，处三万元以上五万元以下罚款；对以上信息作虚假宣传的，由建设主管部门责令改正，处五万元以上二十万元以下罚款。

第八十一条　公共机构采购用能产品、设备，未优先采购列入节能产品、设备政府采购名录中的产品、设备，或者采购国家明令淘汰的用能产品、设备的，由政府采购监督管理部门给予警告，可以并处罚款；对直接负责的主管人员和其他直接责任人员依法给予处分，并予通报。

第八十二条　重点用能单位未按照本法规定报送能源利用状况报告或者报告内容不实的，由管理节能工作的部门责令限期改正；逾期不改正的，处一万元以上五万元以下罚款。

第八十三条　重点用能单位无正当理由拒不落实本法第五十四条规定的整改要求或者整改没有达到要求的，由管理节能工作的部门处十万元以上三十万元以下罚款。

第八十四条　重点用能单位未按照本法规定设立能源管理岗位，聘任能源管理负责人，并报管理节能工作的部门和有关部门备案的，由管理节能工作的部门责令改正；拒不改正的，处一万元以上三万元以下罚款。

第八十五条　违反本法规定，构成犯罪的，依法追究刑事责任。

第八十六条　国家工作人员在节能管理工作中滥用职权、玩忽职守、徇私舞弊，构成犯罪的，依法追究刑事责任；尚不构成犯罪的，依法给予处分。

第2章 新标准、新规范

第1节 《锅炉房设计标准》GB 50041—2020（节选）

《锅炉房设计标准》为国家标准，编号为 GB 50041—2020，自 2020 年 7 月 1 日起实施。其中，第 3.0.4、4.1.3、6.1.5、6.1.9、7.0.3、13.2.21、13.3.13、15.1.1、15.1.2、15.1.3、15.3.7、18.2.5、18.3.9 条为强制性条文，必须严格执行。本节在对修订主要内容介绍的基础上，对与质量相关的条文和强制性条文做了介绍。

2.1.1 本次修订的主要技术内容

1. 将热水锅炉的容量适用范围从 0.7MW～70MW 放宽到了 0.7MW～174MW。

2. 对确需引用的其他标准内容，根据相关标准的最新版本进行了调整，对直接引用自其他标准的条文做了大量的删减。

3. 《锅炉房设计规范》GB 50041—2008（以下简称原标准）对锅炉房的布置位置已做了有关规定，目前使用标准的单位以及部分地区提出对非独立锅炉房的位置希望布置的位置能做得更灵活一些。本次修订时，结合现行国家标准《建筑设计防火规范》GB 50016—2014，基本维持了原条文，但将原条文中的"严禁"改为了"不应"。

4. 删除了与部分效率低、能耗高的产品或技术相关的条文，如抛煤机炉、鼓泡床锅炉等；新增了冷凝锅炉、高效煤粉锅炉、气候补偿装置等相关内容。

5. 随着我国对锅炉房大气污染物排放限制的提高，除尘、脱硫、脱硝技术也相应发展，本次修订对环境保护章节的内容进行了较大幅度的调整及扩充，以适应现有的环境保护要求；在煤的存储方面，提出了封闭煤库的概念，以适应环境保护要求。

6. 调低了设置自动控制的锅炉容量下限，并增加了锅炉的监测参数；增加了工业电视的相关条文。

7. 取消了原标准对集中仪表控制室布置位置的具体要求，删除了"朝锅炉操作面方向应采用隔声玻璃大观察窗"的要求。

2.1.2 与工程质量检查与验收相关的条文

1. 基本规定

第3.0.3条 锅炉房燃料的选用应做到合理利用能源和节约能源，并与安全生产、经济效益和环境保护相协调，选用的燃料应有其产地、元素成分分析等资料和相应的燃料供应协议，并应符合下列规定：

（1）设在其他建筑物内的锅炉房使用的燃料，应选用燃气或燃油，但不宜选用重油或渣油；

（2）燃气锅炉房的备用燃料应根据供热系统的安全性、重要性、燃气供应的保证程度和备用燃料的可能性等因素确定。

第3.0.4条 地下、半地下、地下室和半地下室锅炉房，严禁选用液化石油气或相对密度大于或等于 0.75 的气体燃料。

第 3.0.13 条　在抗震设防烈度为 6 度及以上地区建设锅炉房时，其建筑物、构筑物和管道设计均应采取符合该地抗震设防标准的措施。

2. 锅炉房布置

第 4.1.3 条　当锅炉房和其他建筑物相连或设置在其内部时，不应设置在人员密集场所和重要部门的上一层、下一层、贴邻位置以及主要通道、疏散口的两旁，并应设置在首层或地下室一层靠建筑物外墙部位。

3. 燃油系统

第 6.1.5 条　不带安全阀的容积式供油泵，在其出口的阀门前靠近油泵处的管段上，必须装设安全阀。

4. 燃气系统

第 7.0.3 条　燃用液化石油气的锅炉间和有液化石油气管道穿越的室内地面处，严禁设有能通向室外的管沟（井）或地道等设施。

5. 锅炉房管道

第 13.1.1 条　汽水管道设计应根据热力系统和锅炉房工艺布置进行，并应符合下列规定：

（1）应便于安装、操作和检修；

（2）管道宜沿墙和柱敷设；

（3）管道敷设在通道上方时，管道最低点与通道地面的净高不应小于 2m；

（4）管道不应妨碍门、窗的启闭与影响室内采光；

（5）应满足装设仪表的要求；

（6）管道布置宜短捷、整齐。

第 13.1.4 条　每台蒸汽（热水）锅炉与蒸汽（热水）母管或分汽（分水）缸之间的锅炉主蒸汽（供水）管上，均应装设 2 个阀门，其中 1 个应紧靠锅炉汽包或过热器（供水集箱）出口，另 1 个宜装在靠近蒸汽（供水）母管处或分汽（分水）缸上。

第 13.1.9 条　每台热水锅炉与热水供、回水母管连接时，在锅炉的进水管和出水管上应装设切断阀；在进水管的切断阀前宜装设止回阀。

第 13.1.10 条　每台锅炉宜采用独立的定期排污管道，并分别接至排污膨胀器或排污降温池；当几台锅炉合用排污母管时，在每台锅炉接至排污母管的干管上应装设切断阀，在切断阀前尚应装设止回阀。

第 13.1.11 条　每台蒸汽锅炉的连续排污管道宜分别接至连续排污膨胀器；在锅炉出口的连续排污管道上，应装设节流阀；在锅炉出口和连续排污膨胀器进口处，应各设 1 个切断阀；2～4 台锅炉宜合设 1 台连续排污膨胀器；连续排污膨胀器上应装设安全阀。

第 13.1.14 条　锅炉本体、除氧器和减压减温器上的放汽管、安全阀的排汽管应接至室外安全处，2 个独立安全阀的排汽管不应相连。

第 13.2.5 条　油管道宜采用顺坡敷设，但接入燃烧器的重油管道不宜坡向燃烧器；轻柴油管道的坡度不应小于 0.3%，重油管道的坡度不应小于 0.4%。

第 13.2.7 条　在重油供油系统的设备和管道上应装吹扫口；吹扫口位置应能够吹净设备和管道内的重油；吹扫介质宜采用蒸汽，亦可采用轻油置换，吹扫用蒸汽压力宜为

0.60MPa～1.00MPa（表压）。

第13.2.9条　每台锅炉的供油干管上应装设关闭阀和快速切断阀；每个燃烧器前的燃油支管上应装设关闭阀；当设置2台或2台以上锅炉时，尚应在每台锅炉的回油总管上装设止回阀。

第13.2.10条　在供油泵进口母管上应设置油过滤器2台，其中1台备用；滤网流通面积宜为其进口管截面积的8～10倍；油过滤器的滤网网孔宜符合下列规定：

（1）离心泵、蒸汽往复泵为8～12目；

（2）螺杆泵、齿轮泵为16～32目。

第13.2.11条　采用不包括转杯式的机械雾化燃烧器时，在油加热器和燃烧器之间的管段上，应设置油过滤器；油过滤器滤网的网孔不宜小于20目；滤网的流通面积不宜小于其进口管截面积的2倍。

第13.2.12条　燃油管道应采用输送流体的无缝钢管，除与设备、阀门附件等处可用法兰连接外，其余应采用氩弧焊打底的焊接连接。

第13.2.13条　室内油箱间至锅炉燃烧器的供油管和回油管宜采用地沟敷设，地沟内宜填砂，地沟上面应采用不燃材料封盖。

第13.2.14条　燃油管道垂直穿越建筑物楼层时，应设置在管道井内，并宜靠外墙敷设；管道井的检查门应采用丙级防火门；燃油管道穿越每层楼板处，应设置不低于楼板耐火极限的防火隔断；管道井底部应设深度为300mm的填砂集油坑。

第13.2.15条　油箱（罐）的进油管和回油管应从油箱（罐）体顶部插入，管口应位于油液面下，并应距离箱（罐）底200mm。

第13.2.16条　当室内油箱与贮油罐的油位有高差时，应有防止虹吸的设施。

第13.2.17条　燃油管道穿越楼板或隔墙时，应敷设在套管内，套管的内径与油管的外径四周间隙不应小于20mm；套管内管段不得有接头，管道与套管之间的空隙应用麻丝填实，并应用不燃材料封口；管道穿越楼板的套管，上端应高出楼板60～80mm，套管下端与楼板底面（吊顶底面）平齐。

第13.2.18条　燃油管道与蒸汽管道上下平行布置时，燃油管道应位于蒸汽管道的下方。

第13.2.19条　燃油管道采用法兰连接时，宜设有防止漏油事故的集油措施。

第13.2.21条　燃油系统附件严禁采用能被燃油腐蚀或溶解的材料。

第13.3.2条　在引入锅炉房的室外燃气母管上，在安全和便于操作的地点应装设与锅炉房燃气浓度报警装置联动的紧急切断阀，阀后应装设气体压力表。

第13.3.3条　锅炉房燃气管道宜架空敷设；输送相对密度小于0.75的燃气的管道，应设在空气流通的高处；输送相对密度大于或等于0.75燃气的管道，宜装设在锅炉房外墙和便于检测的位置。

第13.3.4条　燃气管道上应装设放散管、取样口和吹扫口，并应符合下列规定：

（1）其位置应能将管道与附件内的燃气或空气吹净；

（2）放散管可汇合成总管引至室外，其排出口应高出锅炉房屋脊2m以上，并应使放出的气体不致窜入邻近的建筑物和被通风装置吸入；

（3）密度比空气大的燃气放散，应采用高空或火炬排放，并应满足最小频率上风侧区域的安全和环境保护要求；当工厂有火炬放空系统时，宜将放散气体排入该系统中。

第13.3.5条　燃气放散管管径应根据吹扫段的容积和吹扫时间确定；吹扫量可按吹扫段容积的10～20倍计算，吹扫时间可采用15～20min；吹扫气体可采用氮气或其他惰性气体。

第13.3.6条　锅炉房内燃气管道不应穿越易燃或易爆品仓库、值班室、配变电室、电缆沟（井）、电梯井、通风沟、风道、烟道和具有腐蚀性质的场所。

第13.3.7条　每台锅炉燃气干管上应配套性能可靠的燃气阀组，阀组前燃气供气压力和阀组规格应满足燃烧器最大负荷需要；阀组基本组成和顺序应为切断阀、压力表、过滤器、稳压阀、波纹接管、2级或组合式检漏电磁阀、阀前后压力开关和流量调节蝶阀；点火用的燃气管道宜从燃烧器前燃气干管上的2级或组合式检漏电磁阀前引出，并应在其上装设切断阀和2级电磁阀。

第13.3.11条　燃气管道垂直穿越建筑物楼层时，应设置在独立的管道井内，并应靠外墙敷设；穿越建筑物楼层的管道井，每隔2层或3层应设置不低于楼板耐火极限的防火隔断；相邻2个防火隔断的下部应设置丙级防火检修门；建筑物底层管道井防火检修门的下部，应设置带有电动防火阀的进风百页；管道井顶部应设置通大气的百叶窗；管道井应采用自然通风。

第13.3.12条　管道井内的燃气立管上不应设置阀门。

第13.3.13条　燃气管道与附件严禁使用铸铁件；在防火区内使用的阀门，应具有耐火性能。

6. 保温和防腐蚀

第14.1.1条　下列情况的热力设备、热力管道、阀门及附件均应保温：

（1）外表面温度高于50℃时；

（2）外表面温度低于或等于50℃，需要回收热能时。

第14.1.3条　不需保温或要求散热，且外表面温度高于60℃的裸露设备及管道，在无法采取其他措施防止人身烫伤的部位，在距地面或工作台面2.1m高度以下及工作台面边缘与热表面间的距离小于0.75m的范围内，应采取防烫伤的保温措施。

第14.1.5条　保温材料的选择应符合下列规定：

（1）宜采用成型制品；

（2）保温材料及其制品的允许使用温度应高于正常操作时设备和管道内介质的最高温度；

（3）保温材料性能应符合现行国家标准《工业设备及管道绝热工程设计规范》GB 50264的有关规定。

第14.1.7条　采用软质或半硬质保温材料时，应按施工压缩后的密度选取导热系数；保温层的厚度应为施工压缩后的保温层厚度。

第14.1.8条　阀门及附件和其他需要经常维修的设备和管道宜采用便于拆装的成型保温结构。

第14.2.1条　设备和管道在敷设保温层前，其表面应清除干净，并应刷防锈漆或防腐涂料；当介质温度高于120℃时，设备和管道的表面宜刷高温防锈漆。

第14.2.5条　室外布置的热力设备和架空敷设的热力管道，采用玻璃布或不耐腐蚀的材料作保护层时，其表面应刷油漆或防腐涂料；采用薄铝板或镀锌薄钢板作保护层时，其表面可不刷油漆或防腐涂料。

第14.2.6条　埋地设备和管道的外表面应做防腐处理；防腐层材料和防腐层结构应根据设备和管道的防腐要求及土壤的腐蚀性确定；对不便检修的设备和管道，可增加阴极保护措施。

7. 土建、电气、供暖通风和给水排水

第15.1.1条　锅炉房的火灾危险性分类和耐火等级应符合下列规定：

（1）锅炉间应属于丁类生产厂房，建筑不应低于二级耐火等级；当为燃煤锅炉间且锅炉的总蒸发量小于或等于4t/h或热水锅炉总额定热功率小于或等于2.8MW时，锅炉间建筑不应低于三级耐火等级；

（2）油箱间、油泵间和重油加热器间应属于丙类生产厂房，其建筑均不应低于二级耐火等级；

（3）燃气调压间及气瓶专用房间应属于甲类生产厂房，其建筑不应低于二级耐火等级。

第15.1.2条　锅炉房的外墙、楼地面或屋面应有相应的防爆措施，并应有相当于锅炉间占地面积10%的泄压面积，泄压方向不得朝向人员聚集的场所、房间和人行通道，泄压处也不得与这些地方相邻。地下锅炉房采用竖井泄爆方式时，竖井的净横断面积应满足泄压面积的要求。

第15.1.3条　燃油、燃气锅炉房锅炉间与相邻的辅助间之间应设置防火隔墙，并应符合下列规定：

（1）锅炉间与油箱间、油泵间和重油加热器间之间的防火隔墙，其耐火极限不应低于3.00h，隔墙上开设的门应为甲级防火门；

（2）锅炉间与调压间之间的防火隔墙，其耐火极限不应低于3.00h；

（3）锅炉间与其他辅助间之间的防火隔墙，其耐火极限不应低于2.00h，隔墙上开设的门应为甲级防火门。

第15.2.3条　单台蒸汽锅炉额定蒸发量大于或等于6t/h或单台热水锅炉额定热功率大于或等于4.2MW的锅炉房，宜设置低压配电室；当有6kV或10kV高压用电设备时，尚宜设置高压配电室。

第15.2.4条　锅炉房的配电方式宜采用放射式；当有数台锅炉机组时，宜按锅炉机组为单元分组配电。

第15.2.10条　锅炉水位表、锅炉压力表、仪表屏和其他照度要求较高的部位应设置局部照明。

第15.2.11条　在装设锅炉水位表、锅炉压力表、给水泵以及其他主要操作的地点和通道，宜设置事故照明；事故照明的电源选择应按锅炉房的容量、生产用汽的重要性和锅炉房附近供电设施的设置情况等因素确定。

第15.2.12条　照明装置电源的电压应符合下列规定：

（1）地下凝结水箱间、出灰渣地点和安装热水箱、锅炉本体、金属平台等设备和构件处的灯具，当距地面和平台工作面小于2.50m时，应有防止电击的措施或采用不超过36V的电压；

（2）手提行灯的电压不应超过 36V；在本条第 1 款中所述场所的狭窄地点和接触良好的金属面上工作时，所用手提行灯的电压不应超过 12V。

第 15.2.17 条　气体和液体燃料管道应有静电接地装置；当其管道为金属材料，且与防雷或电气系统接地保护线相连时，可不设静电接地装置。

第 15.3.2 条　锅炉间、凝结水箱间、水泵间和油泵间等房间的余热宜采用有组织的自然通风排除；当自然通风不能满足要求时，应设置机械通风。

第 15.3.3 条　锅炉间锅炉操作区等经常有人工作的地点，在热辐射照度大于或等于 $350W/m^2$ 的地点，应设置局部送风。

第 15.3.7 条　设在其他建筑物内的燃油、燃气锅炉房的锅炉间，应设置独立的送排风系统，其通风装置应防爆，通风量必须符合下列规定：

（1）锅炉房设置在首层时，对采用燃油作燃料的，其正常换气次数每小时不应少于 3 次，事故换气次数每小时不应少于 6 次；对采用燃气作燃料的，其正常换气次数每小时不应少于 6 次，事故换气次数每小时不应少于 12 次；

（2）锅炉房设置在半地下或半地下室时，其正常换气次数每小时不应少于 6 次，事故换气次数每小时不应少于 12 次；

（3）锅炉房设置在地下或地下室时，其换气次数每小时不应少于 12 次；

（4）送入锅炉房的新风总量必须大于锅炉房每小时 3 次的换气量；

（5）送入控制室的新风量应按最大班操作人员计算。

8　室外热力管道

第 18.2.5 条　加热油槽和有强腐蚀性物质的凝结水不应回收利用，加热有毒物质的凝结水严禁回收利用，并均应在处理达标后排放。

第 18.3.9 条　热力管道严禁与输送易挥发、易爆、有毒、有腐蚀性介质的管道和输送易燃液体、可燃气体、惰性气体的管道敷设在同一地沟内。

第 2 节　《地源热泵系统工程勘察标准》CJJ/T 291—2019（节选）

《地源热泵系统工程勘察标准》为行业标准，编号为 CJJ/T 291—2019，自 2019 年 11 月 1 日起实施。本节在对地源热泵系统工程勘察阶段划分及各阶段的工作要求进行介绍的基础上，主要对地埋管地源热泵系统、地下水地源热泵系统、地下水地源热泵系统工程勘察包括的内容、勘探点数量以及勘探要求等进行了介绍。

2.2.1　基本规定

第 3.1.2 条　地源热泵系统工程勘察宜分为可行性研究阶段和施工图勘察阶段。当地质环境条件简单或有充分地区经验时，可合并勘察阶段。当场地进行岩土工程勘察时已经规划采用地源热泵系统时，地源热泵系统工程勘察也可与岩土工程勘察一并进行，勘察成果应符合地源热泵系统勘察要求。

第 3.1.8 条　可行性研究阶段勘察应对拟建工程的适宜性作出评价，并应符合下列规定：

（1）应收集区域地质、地形地貌、场地岩土工程条件及当地类似工程经验等；

（2）应了解当地政策、法律、法规对地源热泵系统勘察、设计及施工的相关要求；

（3）在收集和分析已有资料的基础上，应通过踏勘了解场地地层、岩性、地下水、地表水体等条件，对工程的适宜性、拟采用的热交换方式及对环境影响等作出评价；

（4）根据场地环境、地质条件、水文地质条件、工程条件等对场地提出工程分区建议及施工图勘察应解决的重点问题及注意事项等。

第 3.1.9 条　可行性研究阶段勘察应进行现场踏勘、调查，必要时可布设少量勘探及原位测试工作。现场调查应包括下列主要内容：

（1）地形、地貌；

（2）气象、水文情况；

（3）场地规划面积、形状等；

（4）场地已有建（构）筑物及拟建建（构）筑物的分布情况、基础形式、地基处理方法等；

（5）场地植被、地表水体、排水沟（渠）、架空输电线、电信电缆等的分布情况；

（6）场地内已有或计划修建的地下管线、地下设施的分布及埋藏情况；

（7）场地内及其附近井、泉等的分布。并对井的运行情况及泉的出水量等进行调查；

（8）收集附近类似工程的经验；了解附近已建的地源热泵系统及其对项目的可能影响；

（9）对地埋管地源热泵系统，重点收集工程影响范围的地层结构、成因类型、地下水、各层土的物理力学性质指标及热物理参数，附近工程实测的岩土热响应试验成果等资料；

（10）对地下水地源热泵系统，重点收集场地水文地质条件及地下水的补给、径流及排泄情况，附近场地工程抽水试验、回灌试验的成果资料等；

（11）对地表水地源热泵系统，重点收集地表水水源性质、水面用途、深度、面积及其分布；地表水体的补给、排泄等水均衡条件及水量、水位动态变化规律等；不同区域及不同深度的水温动态变化；地表水流速和流量动态变化；地表水水质及其动态变化；地表水利用现状；洪水情况等。

第 3.1.10 条　施工图勘察阶段应提供工程施工图设计所需的岩土物理性质指标、水文地质参数、岩土热物理参数等，评价工程建设对地质环境的影响，预测工程建设过程及工程建成以后可能遇到的岩土工程问题，并提供相关建议。当可行性研究勘察与施工图勘察合并为施工图勘察阶段时，尚应满足拟建工程适宜性评价要求。

2.2.2　地埋管地源热泵系统工程勘察

第 3.2.1 条　地埋管地源热泵系统工程勘察应包括下列内容：

（1）应根据场地环境、地质条件、水文地质条件、工程条件等对场地进行工程分区，并应按工程分区对其工程适宜性及其相关设计参数进行评价；

（2）应查明工程影响范围内的地层结构、成因类型，工程需要时，提供各层土的物理性质指标，同时尚应提供主要土层的热物理参数；

（3）应查明工程影响范围内多层地下水的埋深、赋存条件、水质、水温，影响较大的地下水层（或厚度大于 3m）应查明径流方向与速度等水文地质条件；

（4）工程需要时，应查明地下水的稳定水位、水温及水质情况，包括水位的年变幅、水温随深度及季节变化情况等；

（5）应查明岩土体的温度，提出可能的变化规律；

（6）应提供建设场地的冻土深度；

（7）应判定水、土对工程管道材料等的腐蚀性。

第 3.2.2 条　地埋管地源热泵系统的勘探点数量，当地埋管孔数已由设计单位确定时，勘探点的数量不应低于设计孔数的 1%；当设计孔数没有确定时，不应低于预估孔数的 1%，且应符合下列规定：

（1）甲级工程勘察项目：同一工程分区内勘探点数量不应小于 1 个，岩土热响应测试孔数量不小于 1 个；同一场地勘探点及岩土热响应测试点数量均不应小于 3 个；

（2）乙级工程勘察项目：同一工程分区内勘探点数量不应小于 1 个，岩土热响应测试孔数量不应小于 1 个；同一场地勘探点及岩土热响应测试点数量均不应小于 9 个；

（3）丙级工程勘察项目：可根据场地附近类似工程经验确定相关的换热参数。当无类似工程经验时，同一场地勘探点及岩土热响应测试点数量均不应小于 1 个。

第 3.2.3 条　地埋管地源热泵系统勘探深度及现场试验、测试内容应符合下列规定：

（1）勘探深度应大于预计地埋管底标高 5.0m；

（2）勘探深度范围内各土层均应进行岩土热物理指标的测试，或进行综合性的测试；

（3）如遇厚度大于 1m 的含水层，还应进行水温、水质等测试；调查地下水的赋存条件、补给、排泄、径流方向、流速等；

（4）进行场地水、土对工程管道材料的腐蚀性测试等。

2.2.3　地下水地源热泵系统工程勘察

第 3.3.1 条　地下水地源热泵系统工程勘察应包括下列主要内容：

（1）根据场地环境、水文地质条件及工程条件等对场地进行工程分区；

（2）详细查明工程影响范围内地层结构、成因类型，并应提供各层土的物理性质指标；

（3）查明工程影响范围内的地下水的埋深、赋存条件、含水层岩性、含水层厚度及其分布情况；

（4）拟取水含水层的富水性、储水、失水能力、渗透性评价、地下水位动态变化，地下水的径流方向、流速和水力梯度等；

（5）拟抽取地下水的水温变化情况，地下水质及其在热交换过程中的水质变化；

（6）当场地靠近地表水时，地下水与地表水的水力联系及相互影响；

（7）场地附近已有泉、抽水井、回灌井的流量、水质等调查；

（8）判定水、土对工程管道材料等的腐蚀性。

第 3.3.2 条　地下水地源热泵系统的勘探点数量应符合下列规定：

（1）甲级工程勘察项目：同一工程分区内勘探点数量及抽水试验和回灌试验均不应少于 1 处；同一场地勘探点数量不应少于 2 个，抽水试验和回灌试验均不应少于 2 处；

（2）乙级工程勘察项目：同一场地勘探点数量不应少于 1 个，同一场地抽水试验和回灌试验均不应少于 1 处；

（3）丙级工程勘察项目：可根据场地附近类似工程抽水及回灌试验的工程经验确定相关的水文地质、水质、水温、水量等参数；当无类似工程经验时，同一场地勘探点数量及抽水试验和回灌试验均不应少于 1 处；

（4）当拟勘察工程已有的岩土工程勘察报告不能满足场地水文地质评价要求时，应进行专门的水文地质勘察工作。

第3.3.3条　地下水地源热泵系统勘探深度及现场试验、测试内容应符合下列规定：

（1）勘探深度应大于预计工程用抽水井及回灌井的最大深度；

（2）应通过抽水试验和回灌试验计算确定各含水层的渗透系数，估算单井、群井的涌水量、回灌量等；

（3）应测试地下水水温及其变化情况；

（4）应测试地下水水质及其随温度的变化情况。

2.2.4　地表水地源热泵系统工程勘察

第3.4.1条　地表水地源热泵系统工程勘察，以现场调查为主，应包括下列主要内容：

（1）地表水水源性质、水面用途、深度、面积及其分布；

（2）地表水体的补给、排泄等水均衡条件及水量、水位动态变化规律等；

（3）不同区域及不同深度的水温动态变化；

（4）地表水流速和流量动态变化；

（5）地表水水质及其动态变化；

（6）地表水利用现状；

（7）地表水取水和回水的适宜地点及路线；

（8）洪水情况；

（9）判定水、土对工程管道材料等的腐蚀性。

第3.4.2条　地表水地源热泵系统勘察应收集已有水文、水文地质、水量、水质、水温等资料和现场测绘调查。同一工程分区及分区内同一代表条件下，调查及测试点的数量均不得少于3处，并应满足地表水环境评价的要求。

第3.4.3条　地表水地源热泵系统现场工程勘察及测试内容应符合下列规定：

（1）地表水水温的勘察应调查近年的极端最高和最低水温，全年水温变化、流入水体的水源温度及变化。对于水深较深的水体，应对冬季和夏季不同深度的水温进行现场测试。

（2）地表水水位及流量勘察应调查年最高和最低水位及最大和最小水量等。

（3）地表水的水质勘察应取样测试引起腐蚀与结垢的主要化学成分。地表水源中含有的水生物、细菌、固体含量及盐碱量等。

（4）对利用海水作为热泵系统的冷热源，应评价海水对设备和管道的腐蚀性以及海洋生物附着造成的管道和设备的堵塞等。

第3节　《自动喷水灭火系统施工及验收规范》
GB 50261—2017（节选）

新版规范修订的主要技术内容包括：1. 增加了英文目录；2. 增加了早期抑制快速响应喷头（ESFR）的安装要求；3. 增加了铜管、不锈钢管、涂覆钢管、氯化聚氯乙烯（PVC-C）管、消防洒水软管的安装要求；4. 对流量压力检测装置的设置要求进行了修订；5. 修订了干式和预作用系统管道充水时间的要求；6. 对规范附录的表格进行修订，使其可操作性更强；7. 增加了维护管理的检查方法的内容；8. 修改规范中不便操作的一些条款；9. 取消了原第3.1.2条，把原第8.0.13条的强制性条文改为非强制性条文；

10. 协调了与其他规范、标准的关系等。

2.3.1　总则部分

明确了新版规范是为了保障自动喷水灭火系统的施工质量和使用功能，从而减少火灾危害，保护人身和财产安全。明确了新版规范适用于工业与民用建筑中设置的自动喷水灭火系统的施工、验收及维护管理。

2.3.2　术语部分

与老版规范相比，没有增加或删减内容。主要拟定原则是：列入本标准的术语是新版规范专用的，在其他规范标准中未出现过的；对于在新版规范中出现较多，其定义不统一或不全面，执行中容易造成误解，有必要列出的，也选择了重点予以列出。在具体定义中，根据"确定术语的一般原则与方法""标准化基本术语"的有关规定，全面分析、抓住实质、突出特性，尽量做到定义准确、简明、易懂，同时考虑国内长期以来工程技术人员的习惯性和术语的通用性，避免重复与矛盾。

2.3.3　基本规定部分

本章节讲述了自动喷水灭火系统的质量管理、材料设备管理，共 17 条。

（1）质量管理部分

3.1.1 条明确了自动喷水灭火系统的分部、分项工程划分原则。

3.1.2 条要求系统施工应按照设计要求编写施工方案。现场应具有必要的施工技术标准、健全的施工质量管理体系和工程质量检验制度，并应按新规范附录 B 的要求填写有关记录。

3.1.3 条列出了施工前应该具备的条件：施工图应经审查批准或备案后方可施工；设计单位应向施工、建设、监理单位进行技术交底；系统组件、管件及其他设备、材料，应能保证正常施工；施工现场及施工中使用的水、电、气应满足施工要求，并应保证连续施工。

3.1.4 条要求施工应按照批准的工程设计文件和施工技术标准进行施工。

3.1.5 条说明了施工过程的质量控制，包括：各工序应按施工技术标准进行质量控制，每道工序完成后，应进行检查，检查合格后方可进行下道工序；相关各专业工种之间应进行交接检验，并经监理工程师签证后方可进行下道工序；安装工程完工后，施工单位应按相关专业调试规定进行调试；调试完工后，施工单位应向建设单位提供质量控制资料和各类施工过程质量检查记录；施工过程质量检查组织应由监理工程师组织施工单位人员组成；施工过程质量检查记录按新规范附录 C 的要求填写。

3.1.6 条明确了施工过程质量检查记录的填写要求。

3.1.7 条要求施工前对相关设备、材料进行检查，不合格者不得使用。

3.1.8 条明确了分部工程质量验收应由建设单位项目负责人组织施工单位项目负责人、监理工程师和设计单位项目负责人等进行，并应按新规范附录 E 的要求填写自动喷水灭火系统工程验收记录。

（2）材料、设备管理部分

3.2.1 条列出了系统组件、管件及设备、材料现场检查时应该符合的要求。

3.2.2 条～3.2.6 条分别列出了镀锌钢管管材、管件，不锈钢管管材、管件，铜管管材、管件，涂覆钢管管材、管件，氯化聚氯乙烯（PVC-C）管材、管件在进行现场外观检查时应符合的要求。

　　3.2.7条为强制条文，要求在对喷头进行现场检查时：①喷头的商标、型号、公称动作温度、响应时间指数（RTI）、制造厂及生产日期等标志应齐全；②喷头的型号、规格等应符合设计要求；③喷头外观应无加工缺陷和机械损伤；④喷头螺纹密封面应无伤痕、毛刺、缺丝或断丝现象；⑤闭式喷头应进行密封性能试验，以无渗漏、无损伤为合格。同时要求：试验数量应从每批中抽查1%，并不得少于5只，试验压力应为3.0MPa，保压时间不得少于3min。当两只及两只以上不合格时，不得使用该批喷头。当仅有一只不合格时，应再抽查2%，并不得少于10只，并重新进行密封性能试验；当仍有不合格时，亦不得使用该批喷头。

　　总的原则是既能保证系统采用喷头的质量，又便于施工单位实施的基本检查项目。现行国家标准《自动喷水灭火系统 第1部分：洒水喷头》GB 5135.1，对喷头的检验提出了19条性能要求，23项性能试验，包括喷头的外观检查、密封性能、布水性能、流量特性系数、功能试验、水冲击试验、振动试验、高低温试验、静态动作温度试验、SO_2腐蚀、应力腐蚀、盐雾腐蚀、工作荷载、框架强度、热敏感元件强度，溅水盘强度、疲劳强度、热稳定性能、机械冲击、环境温度试验以及灭火试验等。尽管新规范第3.2.1条中对喷头提出了严格的质量要求，要求采用经国家消防产品质量监督检验中心检测合格的喷头，但这仅仅是对生产厂家按现行国家标准《自动喷水灭火系统 第1部分：洒水喷头》GB 5135.1的规定所做的型式试验的送检产品而言，多年来喷头的实际生产、应用表明，由于生产厂家在喷头出厂前未严格进行密封性能等基本项目的检测试验或因运输过程的振动碰撞等原因造成的隐患，致使喷头安装后漏水或系统充水后热敏元件破裂造成误喷等不良后果，为避免这类现象发生，本条要求施工单位除对喷头进行外观检查外，还应对喷头做一项最重要、最基本的密封性能试验。这条规定是必要而且可行的。其试验方法按照现行国家标准《自动喷水灭火系统 第1部分：洒水喷头》GB 5135.1的规定，喷头在一定的升压速率条件下，能承受3.0MPa静水压3min，无渗漏。为便于施工单位执行，本条未对升压速率作规定，仅要求喷头能承受3.0MPa静水压3min，在喷头密封件处无渗漏即为合格。条文中"每批"是指同制造厂、同规格、同型号、同时到货的同批产品。本条为强制性条文，必须严格执行。

　　3.2.8条列出了在进行阀门及其附件现场检查时应符合的要求。

　　3.2.9条要求压力开关、水流指示器、自动排气阀、减压阀、泄压阀、多功能水泵控制阀、止回阀、信号阀、水泵接合器及水位、气压、阀门限位等自动监测装置应有清晰的铭牌、安全操作指示标志和产品说明书；要求水流指示器、水泵接合器、减压阀、止回阀、过滤器、泄压阀、多功能水泵控制阀应有水流方向的永久性标志；要求安装前应进行主要功能检查。

2.3.4　供水设施安装与施工部分

　　新规范按一般规定、消防水泵安装、消防水箱安装和消防水池施工、消防气压给水设备和稳压泵安装、消防水泵接合器安装进行规定，除一般规定外其余内容均由主控项目。

　　（1）一般规定部分

　　4.1.1条要求供水设施及其附属管道的安装，应清除其内部污垢和杂物。安装中断时，其敞口处应封闭。

4.1.2 条要求消防供水设施应采取安全可靠的防护措施,其安装位置应便于日常操作和维护管理。

4.1.3 条要求消防供水管直接与市政供水管、生活供水管连接时,连接处应安装倒流防止器。

4.1.4 条要求供水设施安装时,环境温度不应低于 5℃;当环境温度低于 5℃时,应采取防冻措施。

（2）消防水泵安装部分

主控项目部分

4.2.1 条对消防水泵安装前的要求做出了规定。为确保施工单位和建设单位正确选用设计中选用的产品,避免不合格产品进入自动喷水灭火系统,设备安装和验收时注意检验产品合格证和安装使用说明书及其产品质量是非常必要的。

4.2.2 条规定了消防水泵安装要求,应直接采用现行国家标准《机械设备安装工程施工及验收通用规范》GB 50231、《风机、压缩机、泵安装工程施工及验收规范》GB 50275 的有关规定。

4.2.3 条列出了吸水管及其附件安装时应符合的要求。

4.2.4 条要求消防水泵的出水管上应安装止回阀、控制阀和压力表,或安装控制阀、多功能水泵控制阀和压力表;系统的总出水管上还应安装压力表;安装压力表时应加设缓冲装置。缓冲装置的前面应安装旋塞;压力表量程应为工作压力的 2.0～2.5 倍。止回阀或多功能水泵控制阀的安装方向应与水流方向一致。

新版规范没有要求消防水泵组的总出水管上都安装泄压阀,主要是因为泄压阀开启泄压的同时,也泄掉一部分流量,造成系统的流量不够,影响系统的灭火。只有存在超压的情况下,且超过了系统管网压力的情况下,才需要设置泄压阀。压力表的缓冲装置可以是缓冲弯管,或者是微孔缓冲水囊等方式,既可保护压力表,也可使压力表指针稳定。多功能水泵控制阀由阀体、阀盖、膜片座、膜片、主阀板、缓闭阀板、衬套、阀杆、主阀板座、缓闭阀板座和控制管系统等零部件组成。具有水力自动控制、启泵时缓开、停泵时先快闭后缓闭的特点,兼有水泵出口处水锤消除器、闸（蝶）阀、止回阀三种产品的功能,有利于消防水泵自动启动和供水系统安全;多功能水泵控制阀结构性能应符合现行国家标准《多功能水泵控制阀》CJ/T 167 的规定,它是一种新型两阶段关闭的阀门,现实际工程中应用很多,故增加该阀的安装要求。在实际工程应用中多次出现止回阀或多功能水泵控制阀安装出现错误的情况,故对止回阀或多功能水泵控制阀的安装方向进行了规定。

4.2.5 条要求在水泵出水管上,应安装由控制阀、检测供水压力、流量用的仪表及排水管道组成的系统流量压力检测装置或预留可供连接流量压力检测装置的接口,其通水能力应与系统供水能力一致。

本条为新增条文。为使系统调试、检测、消防水泵启动运行试验能按规范要求顺利进行,要求在系统中安装检测试验装置,本条是对安装在报警阀上的系统调试、检测消防水泵启动运行试验装置进行合理修改。

（3）消防水箱安装和消防水池施工部分

1）主控项目部分

4.3.1 条规定了消防水池、高位消防水箱的施工和安装,应直接采用现行国家标准

《给水排水构筑物工程施工及验收规范》GB 50141、《建筑给水排水及采暖工程施工质量验收规范》GB 50242的有关规定。同时增加对消防水池、高位消防水箱的水位显示装置的设置方式要求，显示装置的设置位置应满足设计的要求。

4.3.2条是因为消防水备而不用，尤其是消防专用水箱，水存的时间长了，水质会慢慢变坏，增加杂质。除锈、防腐做得不好，会加速水中的电化学反应，最终造成水箱锈损，因此本条作了相应的规定。

2）一般项目部分

4.3.3条明确了高位水箱、消防水池的容积、安装位置应符合设计要求。消防水池、高位消防水箱安装完毕后应有供检修用的通道，通道的宽度与现行国家标准《建筑给水排水设计标准》GB 50015一致。日常的维护管理需要有良好的工作环境。本条提出的水池（箱）间的主要通道、四周的检修通道是保证维护管理工作顺利进行的基本要求。

4.3.4条要求消防水池，高位消防水箱的溢流管、泄水管不得与生产或生活用水的排水系统直接相连，应采用间接排水方式。

4.3.5条要求高位消防水箱、消防水池的人孔宜密闭。通气管、溢流管应有防止昆虫及小动物爬入水池（箱）的措施。

4.3.6条要求当高位消防水箱、消防水池与其他用途的水箱、水池合用时，应复核有效的消防水量，满足设计要求，并应设有防止消防用水被他用的措施。

4.3.7条要求高位消防水箱、消防水池的进水管、出水管上应设置带有指示启闭装置的阀门。

4.3.8条要求高位消防水箱的出水管上应设置防止消防用水倒流进入高位消防水箱的止回阀。

4.3.5条～4.3.8条 这几条为新增条文。

（4）消防气压给水设备和稳压泵安装部分

1）主控项目部分

4.4.1条要求消防气压给水设备的气压罐，其容积（总容积、最大有效水容积）、气压、水位及工作压力应符合设计要求。

4.4.2条要求消防气压给水设备安装位置、进水管及出水管方向应符合设计要求；出水管上应设止回阀，安装时其四周应设检修通道，其宽度不宜小于0.7m，消防气压给水设备顶部至楼板或梁底的距离不宜小于0.6m。

2）一般项目部分

4.4.3条～4.4.5条对消防气压给水设备和稳压泵的安装要求作了规定。

消防气压给水设备作为一种提供压力水的设备在我国经历了数十年的发展和使用，特别是近10年来经过研究和改进，日趋成熟和完善。产品标准已制订、发布、实施，一般生产该类设备的厂家都是整体装配完毕，调试合格后再出厂，因此在设备的安装过程中，只要不发生碰撞且进水管、出水管、充气管的标高、管径等符合设计要求，其安装质量是能够保证的。

对稳压泵安装前的要求做出了规定，主要为确保施工单位和建设单位正确选用设计中选用的产品，避免不合格产品进入自动喷水灭火系统，设备安装和验收时注意检验产品合格证和安装使用说明书及其产品质量是非常必要的。而且要求稳压泵安装直接采用现行国家标准《机械设备安装工程施工及验收通用规范》GB 50231、《风机、压缩机、泵安装工程施工及验收规范》GB 50275 的有关规定。

（5）消防水泵接合器安装部分

1）主控项目

4.5.1 条规定主要强调消防水泵接合器的安装顺序，尤其重要的是止回阀的安装方向一定要保证水通过接合器进入系统。

4.5.2 条列出了消防水泵接合器的安装要求。消防水泵接合器主要是消防队在火灾发生时向系统补充水用的。火灾发生后，十万火急，由于没有明显的类别和区域标志，关键时刻找不到或消防车无靠近消防水泵接合器，不能及时准确补水，失去了设置消防水泵接合器的作用，会造成不必要的损失。

4.5.3 条列出了地下消防水泵接合器的安装要求。地下消防水泵接合器接口在井下，太低不利于对接，太高不利于防冻。0.4m 的距离适合 1.65m 身高的队员俯身后单臂操作对接。太低了则要到井下对接，不利于火场抢时间的要求。冰冻线低于 0.4m 的地区可由设计人员选用双层防冻室外阀门井井盖。

2）一般项目

4.5.4 条要求地下消防水泵接合器井的砌筑应有防水和排水设施是为了防止井内长期灌满水，阀体锈蚀严重，无法使用。

2.3.5 管网及系统组件安装部分

本章节用较多的篇幅对管网安装、喷头安装、报警阀组安装、其他组件安装过程中的质量控制进行了规定，且均有主控项目。

（1）管网安装部分

1）主控项目部分

5.1.1 条要求使用钢管时，材质应符合现行国家标准《输送流体用无缝钢管》GB/T 8163 和《低压流体输送用焊接钢管》GB/T 3091 的要求。

5.1.2 条要求使用不锈钢管时，材质应符合现行国家标准《流体输送用不锈钢焊接钢管》GB/T 12771 和《不锈钢卡压式管件组件　第 2 部分：连接用薄壁不锈钢管》GB/T 19228.2 的要求。

5.1.3 条要求使用铜管时，材质应符合现行国家标准《无缝铜水管和铜气管》GB/T 18033、《铜管接头　第 1 部分：钎焊式管件》GB/T 11618.1 和《铜管接头　第 2 部分：卡压式管件》GB/T 11618.2 的要求。

5.1.4 条要求使用涂覆钢管时，材质应符合现行国家标准《自动喷水灭火系统　第 20 部分：涂覆钢管》GB 5135.20 的要求。

5.1.5 条要求使用氯化聚氯乙烯（PVC-C）管道时，其材质应符合现行国家标准《自动喷水灭火系统　第 19 部分：塑料管道及管件》GB 5135.19 的要求。

5.1.6 条要求管道连接后不应减小过水横断面面积。明确了热镀锌钢管、涂覆钢管安装应采用螺纹、沟槽式管件或法兰连接。

管网安装是自动喷水灭火系统工程施工中，工作量最大，也是工程质量最容易出现问题和存在隐患的环节。管网安装质量的好坏，将直接影响系统功能和系统使用寿命。对管道连接方法的规定，是从确保管网安装质量、延长使用寿命出发，在充分考虑国内施工队伍素质、国内管件质量、货源状况的基础上，尽量提高要求。

5.1.7条要求薄壁不锈钢管安装应采用环压、卡凸式、卡压、沟槽式、法兰等连接。

5.1.8条要求钢管安装应采用钎焊、卡套、卡压、沟槽式等连接。

5.1.9条要求氯化聚氯乙烯（PVC-C）管材与氯化聚氯乙烯（PVC-C）管件的连接应采用承插式粘结连接；氯化聚氯乙烯（PVC-C）管材与法兰式管道、阀门及管件的连接，应采用氯化聚氯乙烯（PVC-C）法兰与其他材质法兰对接连接；氯化聚氯乙烯（PVC-C）管材与螺纹式管道、阀门及管件的连接应采用内丝接头的注塑管件螺纹连接；氯化聚氯乙烯（PVC-C）管材与沟槽式（卡箍）管道、阀门及管件的连接，应采用沟槽（卡箍）注塑管件连接。

5.1.7条～5.1.9条为新增条文，对系统采用不锈钢管、铜管、氯化聚氯乙烯（PVC-C）管时，其管路的连接方式进行了规定，主要是推广新技术、新产品，对不锈钢管、铜管等在工程应用过程中比较成熟可靠的新连接技术进行了规定。

5.1.10条要求管网安装前应校直管道，并清除管道内部的杂物；在具有腐蚀性的场所，安装前应按设计要求对管道、管件等进行防腐处理；安装时应随时清除管道内部的杂物。

管网是自动喷水灭火系统的重要组成部分，同时管网安装也是整个系统安装工程中工作量最大，较容易出问题的环节，返修也是较复杂的部分。因而在安装时应采取行之有效的技术措施，确保安装质量，这是施工中非常重要的环节。本条规定的目的是要确保管网安装质量。未经校直的管道，既不能保证加工质量和连接强度，同时连成管网后也会影响其他组件的安装质量，管网造型布局既困难也不美观，所以管道在安装前应校直。在自动喷水灭火系统安装工程中因未做净化处理而致使管网堵塞的事例是很多的，因此规定在管网安装前应清除管材、管件内的杂物。

管道的防腐工作，一般工程是在管网安装完毕且试压冲洗合格后进行，但在具有腐蚀性物质的场所，对管道的抗腐蚀能力要求较高，安装前应按设计要求对管材。管件进行防腐处理，增强管网的防腐蚀能力，确保系统寿命。

5.1.11条～5.1.13条分别列出了沟槽式管件连接、螺纹连接、法兰连接时应符合的要求。

2）一般项目部分

5.1.14条～5.1.15条分别列出了管道、管道支架、吊架、防晃支架安装时的要求。

5.1.16条要求管道穿过建筑物的变形缝时，应采取抗变形措施。穿过墙体或楼板时应加设套管，套管长度不得小于墙体厚度，穿过楼板的套管其顶部应高出装饰地面20mm；穿过卫生间或厨房楼板的套管，其顶部应高出装饰地面50mm，且套管底部应与楼板底面相平。套管与管道的间隙应采用不燃材料填塞密实。

本条规定主要是为了防止在使用中管网不至于因建筑物结构的正常变化而遭到破坏，同时为了检修方便。

5.1.17条要求管道横向安装宜设2‰～5‰的坡度，且应坡向排水管；当局部区域难以利用排水管将水排净时，应采取相应的排水措施。当喷头数量小于或等于5只时，可在管道低凹处加设堵头；当喷头数量大于5只时，宜装设带阀门的排水管。

本条规定考虑了干式、雨淋等系统动作后应尽量排净管中的余水，以防冰冻致使管网遭到破坏。对其他系统来说，日久需检修或更换组件时，也需排净管网中余水，以利于工作。

5.1.18 条要求配水干管、配水管应做红色或红色环圈标志，并对红色环圈标志的规格、数量作了明确要求。

5.1.19 条要求管网在安装中断时，应将管道的敞口封闭。

本条规定主要目的是为了防止安装时异物进入管道、堵塞管网的情况发生。

5.1.20 条～5.1.23 条分别列出了涂覆钢管、不锈钢管、铜管、氯化聚氯乙烯（PVC-C）管道安装时的要求。

5.1.24 条对消防洒水软管的安装作了具体要求，本条是新增条文。消防洒水软管的使用在国外是非常普遍的，近年来在国内一些外资或者高端项目中得到了应用。最近几年随着人工费的不断上涨，由于消防洒水软管具有安装的便捷性，施工的快速性等特点，已有越来越多的项目选择使用消防洒水软管。

消防洒水软管的安装固定是非常重要的，必须用各种固定支架将连接喷头的接头做固定。若副龙骨太软，也可将固定支架系统安装于主龙骨。消防洒水软管本身有一定的刚度。若龙骨软的话则宜选用不太软的消防洒水软管。避免消防洒水软管试压回弹过大。

至于不能小于弯曲半径以及波纹段与接头处 60mm 之内不能弯曲的要求，都是为了避免过度弯曲导致波纹受压变尖，应力集中造成波纹破裂导致泄漏。

洁净室内的设备都比较昂贵，建议使用焊接型全不锈钢的软管，全不锈钢软管和配件符合结净的要求，焊接型软管泄漏点较组装型少。

消防洒水软管使用在风烟管道处时，这里的温度较高，焊接型全不锈钢带编织网的软管可以满足此类环境的要求。

（2）喷头安装部分

1）主控项目部分

5.2.1 条为强制条文，要求喷头安装必须在系统试压、冲洗合格后进行。

其目的一是为了保护喷头，二是为防止异物堵塞喷头，影响喷头喷水灭火效果。

5.2.2 条、5.2.3 条均为强制条文，要求喷头安装时，不应对喷头进行拆装、改动，并严禁给喷头、隐蔽式喷头的装饰盖板附加任何装饰性涂层；要求喷头安装应使用专用扳手，严禁利用喷头的框架施拧；喷头的框架、溅水盘产生变形或释放原件损伤时，应采用规格、型号相同的喷头更换。

这两条对喷头安装时应注意的几个问题提出了要求，目的是为了防止在安装过程中对喷头造成损伤，影响其性能。安装喷头应使用厂家提供的专用扳手，可避免喷头安装时遭受损伤，既方便又可靠。

5.2.4 条要求安装在易受机械损伤处的喷头，应加设喷头防护罩。

5.2.5 条要求喷头安装时，溅水盘与吊顶、门、窗、洞口或障碍物的距离应符合设计要求。

5.2.6 条要求安装前检查喷头的型号、规格、使用场所应符合设计要求。系统采用隐蔽式喷头时，配水支管的标高和吊顶的开口尺寸应准确控制。

2）一般项目部分

5.2.7条要求当喷头的公称直径小于10mm时，应在配水干管或配水管上安装过滤器。

目的是为了防止水中的杂物堵塞喷头，影响喷头喷水灭火效果。

5.2.8条～5.2.10条罗列了现场当喷头溅水盘高于附近梁底或高于宽度小于1.2m的通风管道、排管、桥架腹面时，或当梁、通风管道、排管、桥架宽度大于1.2m时，或当喷头安装在不到顶的隔断附近时，喷头的安装方法。

这几条的目的是当喷头靠近梁、通风管道、排管、桥架、不到顶的隔断安装时，应尽量减小这些障碍物对其喷水灭火效果的影响。

5.2.11条～5.2.14条为新增条文。早期抑制快速响应喷头（ESFR）在实际工程中应用较多，对其的安装要求，很多工程技术人员不清楚，新规范中增加了这些安装规定。

早期抑制快速响应喷头的设置场所仅用于保护高堆垛与高货架仓库，仓储货物的顶部和喷头溅水盘的距离不小于0.9m。早期抑制快速响应喷头不得用于干式系统或预作用系统以及任何有可能会延迟喷头动作或喷水的其他系统，仅用于湿式系统，因为即便是几秒钟的延迟时间也会导致压制作用失败。

早期抑制快速响应喷头不得安装于坡度大于167mm/m（9.5°）的屋面/天花板下；不得用在环境温度超过66℃的场所。

早期抑制快速响应喷头的流量系数K的范围为200到360，分为直立型和下垂型。K系数及不同形式的喷头都有自己特定的设计标准和允许使用条件，其安装要求也不一样，应分别进行规定。

喷头与顶板的相对位置是影响喷头动作速度的主要因素，顶板处的障碍物是指与喷头基本处于相同高度的混凝土梁、钢梁、挡烟垂壁、桁架、檩条及其他支撑等；顶板处非实体的建筑构件是指通透面积70%以上，如屋面托架或桁架等；喷头下的障碍物是指各类风管、喷淋系统自身管道和其他管道、管线桥架、灯具等。最理想的位置是喷头的感温元件位于顶板下150～255mm之间。如果感温元件太靠近顶板，起火初始阶段形成的热气流会位于喷头下方，从而延误喷头的动作。如果感温元件离顶板太远，起火初始阶段形成的热气流则会位于喷头上方，同样会延误喷头在火灾初期及时动作。

早期抑制快速响应喷头能够有效灭火，要求大流量和高动量的喷射水流直接到达火区。障碍物有可能干扰喷头的布水形状并很大程度上降低向下的水流动量及穿透火羽流的能力，从而导致无法压制火势。

障碍物的影响是早期抑制快速响应喷头能起到压制火势作用的关键。有些情况下，在一个孤立的区域内，只要少许扩大喷头的间距和覆盖面积就可以消除障碍物的影响。如果增加同一支管上的相邻两个喷头的间距或者增加相邻两根支管的间距，可以消除障碍物的不利影响。

（3）报警阀组安装的主控项目部分

5.3.1条明确了报警阀组的安装应在供水管网试压，冲洗合格后进行。要求安装时应先安装水源控制阀、报警阀，然后进行报警阀辅助管道的连接。水源控制阀、报警阀与配水干管的连接，应使水流方向一致。报警阀组安装的位置应符合设计要求；当设计无要求时，报警阀组应安装在便于操作的明显位置，距室内地面高度宜为1.2m；两侧与墙的距离不应小于 0.5m；正面与墙的距离不应小于 1.2m；报警阀组凸出部位之间的距离不应小于 0.5m。安装报警阀组的室内地面应有排水设施，排水能力应满足报警阀调试、验收和利用试水阀门泄空系统管道的要求。

5.3.2 条具体列出了报警阀组附件的安装要求。

5.3.3 条、5.3.4 条分别列出了湿式报警阀组、干式报警阀组的安装要求。

5.3.5 条列出了雨淋阀组的安装要求。

（4）其他组件安装部分

1）主控项目部分

5.4.1 条明确了水流指示器的安装要求。

5.4.2 条要求控制阀的规格、型号和安装位置均应符合设计要求；安装方向应正确，控制阀内应清洁、无堵塞、无渗漏；主要控制阀应加设启闭标志；隐蔽处的控制阀应在明显处设有指示其位置的标志。

5.4.3 条要求压力开关应竖直安装在通往水力警铃的管道上，且不应在安装中拆装改动。

5.4.4 条要求水力警铃应安装在公共通道或值班室附近的外墙上，且应安装检修、测试用的阀门。水力警铃和报警阀的连接应采用热镀锌钢管，当镀锌钢管的公称直径为 20mm 时，其长度不宜大于 20m；安装后的水力警铃启动时，警铃声强度应不小于 70dB。

5.4.5 条要求末端试水装置和试水阀的安装位置应便于检查、试验，并应有相应排水能力的排水设施。

2）一般项目部分

5.4.6 条～5.4.12 条分别列出了信号阀、排气阀、节流管和减压孔板、减压阀、多功能水泵控制阀、倒流防止器的安装要求，并要求压力开关、信号阀、水流指示器的引出线应用防水套管锁定。

2.3.6　系统试压和冲洗部分

（1）一般规定部分

6.1.1 条为强制条文，要求管网安装完毕后，必须对其进行强度试验、严密性试验和冲洗。

强度试验实际是对系统管网的整体结构、所有接口、承载管架等进行的一种超负荷考验。而严密性试验则是对系统管网渗漏程度的测试。实践表明，这两种试验都是必不可少的，也是评定其工程质量和系统功能的重要依据。管网冲洗是防止系统投入使用后发生堵塞的重要技术措施之一。

6.1.2 条明确了强度试验和严密性试验宜用水进行。

6.1.3 条要求系统试压完成后，应及时拆除所有临时盲板及试验用的管道，并应与记录核对无误，且应按新规范附录 C 表 C.0.2 的格式填写记录。

6.1.4 条规定管网冲洗应在试压合格后分段进行。冲洗顺序应先室外，后室内；先地下，后地上；室内部分的冲洗应按配水干管、配水管、配水支管的顺序进行。

6.1.5 条列出了系统试压前应具备的条件。

6.1.6 条要求系统试压过程中，当出现泄漏时，应停止试压，并应放空管网中的试验介质，消除缺陷后重新再试。

6.1.7 条明确了管网冲洗宜用水进行。

6.1.8 条要求管网冲洗前，应对管道支架、吊架进行检查，必要时应采取加固措施。

6.1.9 条要求对不能经受冲洗的设备和冲洗后可能存留脏物、杂物的管段，应进行清理。

6.1.10 条要求冲洗直径大于 100mm 的管道时，应对其死角和底部进行敲打，但不得损伤管道。

6.1.11 条规定在冲洗合格后，应按新规范附录 C 表 C.0.3 的要求填写记录

6.1.12 条要求水压试验和水冲洗宜采用生活用水进行，不得使用海水或含有腐蚀性化学物质的水。

（2）水压试验部分

1）主控项目部分

6.2.1 条要求当系统设计工作压力等于或小于 1.0MPa 时，水压强度试验压力应为设计工作压力的 1.5 倍，并不应低于 1.4MPa；当系统设计工作压力大于 1.0MPa 时，水压强度试验压力应为该工作压力加 0.4MPa。

本条规定出对系统水压强度试验压力值和试验时间的要求，以保证系统在实际灭火过程中能承受国家标准《自动喷水灭火系统设计规范》GB 50084 中规定的 10m/s 最大流速和 1.20MPa 最大工作压力。

6.2.2 条要求水压强度试验的测试点应设在系统管网的最低点。对管网注水时应将管网内的空气排净，并应缓慢升压，达到试验压力后稳压 30min 后，管网应无泄漏、无变形，且压力降不应大于 0.05MPa。

测试点选在系统管网的低点，可客观地验证其承压能力；若设在系统高点，则无形中提高了试验压力值，这样往往会使系统管网局部受损，造成试压失败。检查判定方法采用目测，简单易行。

6.2.3 条要求水压严密性试验应在水压强度试验和管网冲洗合格后进行。试验压力应为设计工作压力，稳压 24h，应无泄漏。

2）一般项目部分

6.2.4 条要求水压试验时环境温度不宜低于 5℃，当低于 5℃时，水压试验应采取防冻措施。

6.2.5 条要求自动喷水灭火系统的水源干管、进户管和室内埋地管道，应在回填前单独或与系统一起进行水压强度试验和水压严密性试验。

（3）气压试验部分

1）主控项目部分

6.3.1 条要求气压严密性试验压力应为 0.28MPa，且稳压 24h，压力降不应大于 0.01MPa。

要求系统经历 24h 的气压试验，因漏气而出现的压力下降不超过 0.01MPa，这样才能使系统为保持正常气压而不需要频繁地启动空气压缩机组。

2）一般项目部分

6.3.2 条要求气压试验的介质宜采用空气或氮气。

（4）冲洗部分

1）主控项目部分

6.4.1 条要求管网冲洗的水流流速、流量不应小于系统设计的水流流速、流量；管网冲洗宜分区、分段进行；水平管网冲洗时，其排水管位置应低于配水支管。

水冲洗是自动喷水灭火系统工程施工中一个重要工序，是防止系统堵塞、确保系统灭火效率的措施之一。

6.4.2 条要求管网冲洗的水流方向应与灭火时管网的水流方向一致。

明确水冲洗的水流方向，有利于确保整个系统的冲洗效果和质量，同时方便安排被冲洗管段的顺序。

6.4.3 条明确了管网冲洗应连续进行。当出口处水的颜色、透明度与入口处水的颜色、透明度基本一致时，冲洗方可结束。

2）一般项目部分

6.4.4 条要求管网冲洗宜设临时专用排水管道，其排放应通畅和安全。排水管道的截面面积不得小于被冲洗管道截面面积的 60%。

6.4.5 条要求管网的地上管道与地下管道连接前，应在配水干管底部加设堵头后对地下管道进行冲洗。

6.4.6 条要求管网冲洗结束后，应将管网内的水排除干净，必要时可采用压缩空气吹干。

系统冲洗合格后及时将存水排净，有利于保护冲洗成果。如系统需经长时间才能投入使用，则应用压缩空气将其管壁吹干，并加以封闭，这样可以避免管内生锈或再次遭受污染。

2.3.7 系统调试部分

（1）一般规定部分

7.1.1 条明确了系统调试应在系统施工完成后进行。只有在系统已按照设计要求全部安装完毕、工序检验合格后，才可能全面、有效地进行各项调试工作。

7.1.2 条列出了系统调试前应具备的条件。要求系统的水源、电源、气源均按设计要求投入运行，这样才能使系统真正进入准工作状态，在此条件下，对系统进行调试所取得的结果，才是真正有代表性和可信的。

（2）调试内容和要求部分

1）主控项目部分

7.2.1 条列出了系统调试具体包括的内容。本条规定系统调试的内容：水源的充足可靠与否，直接影响系统灭火功能；消防水泵对临时高压管网来讲，是扑灭火灾时的主要供水设施；报警阀为系统的关键组成部件，其动作的准确、灵敏与否，直接关系到灭火的成功率；排水装置是保证系统运行和进行试验时不致产生水害的设施；联动试验实为系统与火灾自动报警系统的连锁动作试验，它可反映出系统各组成部件之间是否协调和配套。

7.2.2 条～7.2.5 条分别列出了水源测试、消防水泵调试、稳压泵、报警阀调试时应符合的要求。

2）一般项目部分

7.2.6 条要求调试过程中，系统排出的水应通过排水设施全部排走。

7.2.7 条列出了联动试验应符合的具体要求，包括了湿式系统的联动试验，预作用系统、雨淋系统、水幕系统的联动试验，干式系统的联动试验。

2.3.8　系统验收部分

8.0.1条为强制条文，要求系统竣工后，必须进行工程验收，验收不合格不得投入使用。

竣工验收是自动喷水灭火系统工程交付使用前的一项重要技术工作。

8.0.2条明确了自动喷水灭火系统工程验收应按新规范附录E的要求填写。

8.0.3条列出了系统验收时，施工单位应提供的资料。

8.0.4条～8.0.9条分别列出了系统供水水源、消防泵房、消防水泵、报警阀组、管网、喷头验收时应符合的条件。

8.0.10条明确了水泵接合器数量及进水管位置应符合设计要求，消防水泵接合器应进行充水试验，且系统最不利点的压力、流量应符合设计要求。

8.0.11条要求系统流量、压力的验收，应通过系统流量压力检测装置进行放水试验，系统流量、压力应符合设计要求。

8.0.12条要求系统应进行系统模拟灭火功能试验，且应符合相应要求。

8.0.13条说明了系统工程质量验收判定的等级及方法。

2.3.9　维护管理部分

9.0.1条说明了自动喷水灭火系统应具有管理、检测、维护规程，并应保证系统处于准工作状态。维护管理工作，应按新规范附录G的要求进行。

9.0.2条要求维护管理人员应经过消防专业培训，应熟悉自动喷水灭火系统的原理、性能和操作维护规程。

9.0.3条要求每年应对水源的供水能力进行一次测定，每日应对电源进行检查，并明确了检查内容。

9.0.4条要求消防水泵或内燃机驱动的消防水泵应每月启动运转一次。当消防水泵为自动控制启动时，应每月模拟自动控制的条件启动运转一次，并明确了检查内容。

9.0.5条要求电磁阀应每月检查并应做启动试验，动作失常时应及时更换。

9.0.6条要求每个季度应对系统所有的末端试水阀和报警阀旁的放水试验阀进行一次放水试验，检查系统启动、报警功能以及出水情况是否正常，并明确了检查内容。

9.0.7条要求系统上所有的控制阀门均应采用铅封或锁链固定在开启或规定的状态。每月应对铅封、锁链进行一次检查，当有破坏或损坏时应及时修理更换，并明确了检测内容。

9.0.8条要求室外阀门井中，进水管上的控制阀门应每个季度检查一次，核实其处于全开启状态。

9.0.9条要求自动喷水灭火系统发生故障需停水进行修理前，应向主管值班人员报告，取得维护负责人的同意，并临场监督，加强防范措施后方能动工。

9.0.10条要求维护管理人员每天应对水源控制阀、报警阀组进行外观检查，并应保证系统处于无故障状态。

9.0.11条要求消防水池、消防水箱及消防气压给水设备应每月检查一次，并应检查其消防储备水位及消防气压给水设备的气体压力。同时，应采取措施保证消防用水不作他用，并应每月对该措施进行检查，发现故障应及时进行处理。

9.0.12 条要求消防水池、消防水箱、消防气压给水设备内的水，应根据当地环境、气候条件不定期更换。

9.0.13 条要求寒冷季节，消防储水设备的任何部位均不得结冰。每天应检查设置储水设备的房间，保持室温不低于 5℃。

9.0.14 条要求每年应对消防储水设备进行检查，修补缺损和重新油漆。

9.0.15 条要求钢板消防水箱和消防气压给水设备的玻璃水位计两端的角阀，在不进行水位观察时应关闭。

9.0.16 条要求消防水泵接合器的接口及附件应每月检查一次，并应保证接口完好、无渗漏、闷盖齐全。

9.0.17 条要求每月应利用末端试水装置对水流指示器进行试验。

9.0.18 条要求每月应对喷头进行一次外观及备用数量检查，发现有不正常的喷头应及时更换；当喷头上有异物时应及时清除。更换或安装喷头均应使用专用扳手，并明确了检查内容。

第 4 节　《综合布线系统工程验收规范》GB/T 50312—2016（节选）

新版规范修订的主要技术内容包括：1. 在原规范内容基础上，对建筑群与建筑物综合布线系统及通信基础设施工程的验收要求进行补充与完善；2. 增加缩略语；3. 增加光纤到用户单元通信设施工程的验收要求；4. 完善了光纤信道和链路的测试方法与要求。

2.4.1　总则部分

综合布线系统在建筑与建筑群的建设中，得到了广泛应用。但是如果工程存在施工质量问题，将给通信网络和计算机网络造成潜在的隐患，影响信息的传送。因此制定新规范，为综合布线系统工程的质量检测和验收提供判断是否合格的标准，提出切实可行的验收要求，从而起到确保综合布线系统工程质量的作用。

明确了新规范适用于新建、扩建和改建建筑与建筑群综合布线系统工程的验收。规定了综合布线系统工程的验收测试形式，其中自检测试由施工单位进行，主要验证布线系统的连通性和终接的正确性；竣工验收测试则由测试部门根据工程的类别，按布线系统标准规定的连接方式完成性能指标参数的测试。光纤到用户单元通信设施的系统性能，由房屋建设者配合电信业务经营者在光纤接入网（EPON）的通信业务接入开通前单独进行自检测试和竣工验收测试。

2.4.2　缩略语部分

此章节内容为新增加的，用于明确相关中文技术词汇的英文表示方法，包括：

ACR-F（Attenuation to Crosstalk Ratio at the Far-end）衰减远端串音比

ACR-N（Attenuation to Crosstalk Ratio at the Near-end）衰减近端串音比

d. c.（Direct Current Loop Resistance）直流环路电阻

ELTCTL（Equal Level TCTL）两端等效横向转换损耗

FEXT［Far End Crosstalk Attenuation（loss）］远端串音

IL（Insertion Loss）插入损耗

NEXT［Near End Crosstalk Attenuation（loss）］近端串音

OLT（Optical Line Terminal）光线路终端

OLTS（Optical Loss Test Set）光损耗测试

OTDR（Optical Time Domain Reflectometer）光时域反射

PS NEXT〔Power Sum Near End Crosstalk Attenuation（loss）〕近端串音功率和

PS AACR-F（Power Sum Attenuation to Alien Crosstalk Ratio at the Far-end）外部远端串音比功率和

PS AACR-Favg（Average Power Sum Attenuation to Alien Crosstalk Ratio at the Far-end）外部远端串音平均值比功率和

PS ACR-F（Power Sum Attenuation to Crosstalk Ratio at the Far-end）衰减远端串音比功率和

PS ACR-N（Power Sum Attenuation to Crosstalk Ratio at the Near-end）衰减近端串音比功率和

PS ANEXT〔Power Sum Alien Near-End Crosstalk（loss）〕外部近端串音功率和

PS ANEXTavg〔Average Power Sum Alien Near-End Crosstalk（loss）〕外部近端串音平均值功率和

PS FEXT（Power Sum Far End Crosstalk）远端串音功率和

RL（Return Loss）回波损耗

TCL（Transverse Conversion Loss）横向转换损耗

TCTL（Transverse Conversion Transfer Loss）横向转换转移损耗

2.4.3 环境检查部分

3.0.1条列出了工作区、电信间、设备间等建筑环境检查应符合的具体要求。具体为：

① 工作区、电信间、设备间及用户单元区域的土建工程应已全部竣工，房屋地面应平整、光洁，门的高度和宽度符合设计要求。

② 房屋预埋槽盒、暗管、孔洞和竖井的位置、数量、尺寸符合设计要求。

③ 铺设活动地板的场所，活动地板防静电措施及接地应符合设计文件要求。

④ 暗装或明装在墙体或柱子上的信息插座盒底距地高度宜为 300mm。

⑤ 安装在工作台侧隔板面及临近墙面上的信息插座盒底距地宜为 1000mm。

⑥ CP 集合点箱体、多用户信息插座箱体宜安装在导管的引入侧及便于维护的柱子及承重墙上等处，箱体底边距地高度宜为 500mm；当在墙体、柱子上部或吊顶内安装时，距地高度不宜小于 1800mm。

⑦ 每个工作区宜配置不少于 2 个带保护接地的单相交流 220V/10A 电源插座盒。电源插座宜嵌墙暗装，高度应与信息插座一致。

⑧ 每个用户单元信息配线箱附近水平 70～150mm 处，宜预留设置 2 个单相交流 220V/10A 电源插座，每个电源插座的配电线路均装设保护电器，配线箱内应引入单相交流 220V 电源。电源插座宜嵌墙暗装，底部距地高度宜与信息配线箱一致。电信间、设备间、进线间应设置不少于 2 个单相交流 220V/10A 电源插座盒，每个电源插座的配电线路均装设保护器。设备供电电源应另行配置。电源插座宜嵌墙暗装，底部距地高度宜为 300mm。

⑨ 电信间、设备间、进线间、弱电竖井应提供可靠的接地等电位联结端子板，接地

电阻值及接地导线规格应符合设计要求。

⑩ 电信间、设备间、进线间的位置、面积、高度、通风、防火及环境温、湿度等因素应符合设计要求。

新规范只对综合布线系统的安装环境检查提出规定。如果电信间安装有源设备（以太网交换机等）、设备间安装计算机主机、电话交换机、传输等设备，建筑物的环境条件应按上述系统设备的安装工艺设计要求进行检查。

3.0.2 条列出了建筑物进线间及入口设施的检查要求。

3.0.3 条要求机柜、配线箱、管槽等设施的安装方式应符合抗震设计要求。

2.4.4　器材及测试仪表工具检查部分

4.0.1 条列出了器材检验时应符合的要求，包括：①工程所用的线缆和器材的品牌、型号、数量、质量应符合设计文件要求并在施工前进行检查，并具备质量文件或产品合格证（质量合格证或出厂合格证）、国家指定的检测单位出具的检验报告或认证标志、认证证书、质量保证书等；②进口设备和材料应具有产地证明和商检证明；③检验好的器材应做好记录，对不合格的器件应单独存放，以备核查和处理；④工程中使用的器材应与订货合同或样品相符；⑤备品、备件和各类文件资料应齐全。

4.0.2 条列出了型材、管材与铁件检查时应符合的要求，包括：①地下通信管道和人（手）孔所使用器材的检查及室外管道的检验，应符合现行国家标准《通信管道工程施工及验收规范》GB 50374 的有关规定。②各种型材的材质、规格、型号应符合设计文件的要求，表面应光滑、平整，不得变形、断裂。③金属导管、桥架及过线盒、接线盒等表面涂覆或镀层应均匀、完整，不得变形、损坏。④室内管材采用金属导管或塑料导管时，其管身应光滑、无伤痕，管孔无变形，孔径、壁厚应符合设计文件要求。⑤金属管槽应根据工程环境要求作镀锌或其他防腐处理。塑料管槽应采用阻燃型管槽，外壁应具有阻燃标记。⑥各种金属件的材质、规格均应符合质量要求，不得有歪斜、扭曲、飞刺、断裂或破损。⑦金属件的表面处理和镀层应均匀、完整，表面光洁，无脱落、气泡等缺陷。

4.0.3 条列出了线缆检验时应符合的要求，包括：①工程使用的电缆和光缆的型式、规格及缆线的阻燃等级应符合设计文件要求。②缆线的出厂质量检验报告、合格证、出厂测试记录等各种随盘资料应齐全，所附标志、标签内容应齐全、清晰，外包装应注明型号和规格。③电缆外包装和外护套需完整无损，当该盘、箱外包装损坏严重时，应按电缆产品要求进行检验，测试合格后再在工程中使用。④电缆应附有本批量的电气性能检验报告，施工前对盘、箱的电缆长度、指标参数应按电缆产品标准进行抽验，提供的设备电缆及跳线也应抽验，并做测试记录。⑤光缆开盘后应先检查光缆端头封装是否良好。光缆外包装或光缆护套当有损伤时，应对该盘光缆进行光纤性能指标测试，并应符合当有断纤时，应进行处理，并应检查合格后使用；光缆 A、B 端标识应正确、明显；光纤检测完毕后，端头应密封固定，并应恢复外包装。⑥单盘光缆应对每根光纤进行长度测试。⑦光纤接插软线或光跳线检验应符合，两端的光纤连接器件端面应装配合适的保护盖帽；光纤应有明显的类型标记，并应符合设计文件要求；使用光纤端面测试仪应对该批量光连接器件端面进行抽验，比例不宜大于 5%～10%。

4.0.4 条列出了连接器件的检验应符合的要求，包括：①配线模块、信息插座模块及其他连接器件的部件应完整，电气和机械性能等指标应符合相应产品的质量标准。塑料材质应具有阻燃性能，并应满足设计要求。②光纤连接器件及适配器的型式、数量、端口位置应与设计相符。光纤连接器件应外观平滑、洁净，并不应有油污、毛刺、伤痕及裂纹等缺陷，各零部件组合应严密、平整。

4.0.5 条列出了配线设备的使用应符合的具体要求，包括：①光、电缆配线设备的型式、规格应符合设计文件要求；②光、电缆配线设备的编排及标志名称应与设计相符。各类标志名称应统一，标志位置正确、清晰。

4.0.6 条列出了测试仪表和工具的检验应符合的具体要求，包括：①应事先对工程中需要使用的仪表和工具进行测试或检查，缆线测试仪表应附有检测机构的证明文件。②测试仪表应能测试相应布线等级的各种电气性能及传输特性，其精度应符合相应要求。测试仪表的精度应按相应的鉴定规程和校准方法进行定期检查和校准，经过计量部门校验取得合格证后，方可在有效期内使用，并应符合，测试仪表应具有测试结果的保存功能并提供输出端口；可将所有存贮的测试数据输出至计算机和打印机，测试数据不应被修改；测试仪表应能提供所有测试项目的概要和详细的报告；测试仪表宜提供汉化的通用人机界面。③施工前对剥线器、光缆切断器、光纤熔接机、光纤磨光机、光纤显微镜、卡接工具等电缆或光缆的施工工具应进行检查，合格后方可在工程中使用。

4.0.7 条明确了现场尚无检测手段取得屏蔽布线系统所需的相关技术参数时，可将认证检测机构或生产厂家附有的技术报告作为检查依据。

4.0.8 条要求对绞电缆电气性能与机械特性、光缆传输性能以及连接器件的具体技术指标应符合设计文件要求。性能指标不符合设计文件要求的设备和材料不得在工程中使用。

2.4.5 设备安装检验部分

5.0.1 条要求机柜、配线箱等设备的规格、容量、位置应符合设计文件要求，安装应符合：①垂直偏差度不应大于 3mm。②机柜上的各种零件不得脱落或碰坏，漆面不应有脱落及划痕，各种标志应完整、清晰。③在公共场所安装配线箱时，壁嵌式箱体底边距地不宜小于 1.5m，墙挂式箱体底面距地不宜小于 1.8m。④门锁的启闭应灵活、可靠。⑤机柜、配线箱及桥架等设备的安装应牢固，当有抗震要求时，应按抗震设计进行加固。

5.0.2 条要求各类配线部件的安装应符合：①各部件应完整，安装就位，标志齐全、清晰。②安装螺栓应拧紧，面板应保持在一个平面上。

5.0.3 条要求信息插座模块安装应符合：①信息插座底盒、多用户信息插座及集合点配线箱、用户单元信息配线箱安装位置和高度应符合设计文件要求。②安装在活动地板内或地面上时，应固定在接线盒内，插座面板采用直立和水平等形式；接线盒盖可开启，并应具有防水、防尘、抗压功能。接线盒盖面应与地面齐平。③信息插座底盒同时安装信息插座模块和电源插座时，间距及采取的防护措施应符合设计文件要求。④信息插座底盒明装的固定方法应根据施工现场条件而定。⑤固定螺栓应拧紧，不应产生松动现象。⑥各种插座面板应有标识，以颜色、图形、文字表示所接终端设备业务类型。⑦工作区内终接光缆的光纤连接器件及适配器安装底盒应具有空间，并应符合设计文件要求。

5.0.4 条要求缆线桥架的安装应符合：①安装位置应符合施工图要求，左右偏差不应超过 50mm。②安装水平度每米偏差不应超过 2mm。③垂直安装应与地面保持垂直，垂直度偏差不应超过 3mm。④桥架截断处及拼接处应平滑、无毛刺。⑤吊架和支架安装应保持垂直，整齐牢固，无歪斜现象。⑥金属桥架及金属导管各段之间应保持连接良好，安装牢固。⑦采用垂直槽盒布放缆线时，支撑点宜避开地面沟槽和槽盒位置，支撑应牢固。

5.0.5 条要求安装机柜、配线箱、配线设备屏蔽层及金属导管、桥架使用的接地体应符合设计文件要求，就近接地，并应保持良好的电气连接。

2.4.6　线缆的敷设和保护方式检验部分

（1）线缆的敷设部分

6.1.1 条规定了线缆敷设的一般要求，包括：

① 缆线的型式、规格应与设计规定相符。

② 缆线在各种环境中的敷设方式、布放间距均应符合设计要求。

③ 缆线的布放应自然平直，不得产生扭绞、打圈等现象，不应受外力的挤压和损伤。

④ 缆线的布放路由中不得出现缆线接头。

⑤ 缆线两端应贴有标签，应标明编号，标签书写应清晰、端正和正确。标签应选用不易损坏的材料。

⑥ 缆线应有余量以适应成端、终接、检测和变更，有特殊要求的应按设计要求预留长度，并应符合：对绞电缆在终接处，预留长度在工作区信息插座底盒内宜为 30～60mm，电信间宜为 0.5～2.0m，设备间宜为 3～5m；光缆布放路由宜盘留，预留长度宜为 3～5m。光缆在配线柜处预留长度应为 3～5m，楼层配线箱处光纤预留长度应为 1.0～1.5m，配线箱终接时预留长度不应小于 0.5m，光缆纤芯在配线模块处不做终接时，应保留光缆施工预留长度。

⑦ 缆线的弯曲半径应符合：非屏蔽和屏蔽 4 对对绞电缆的弯曲半径不应小于电缆外径的 4 倍；主干对绞电缆的弯曲半径不应小于电缆外径的 10 倍；2 芯或 4 芯水平光缆的弯曲半径应大于 25mm；其他芯数的水平光缆、主干光缆和室外光缆的弯曲半径不应小于光缆外径的 10 倍；G.657、G.652 用户光缆弯曲半径应符合规范中"表 6.1.1-1 光缆敷设安装的最小曲率半径"的规定。

⑧ 综合布线系统缆线与其他管线的间距应符合设计文件要求，并应符合：电力电缆与综合布线系统缆线应分隔布放，并应符合规范中"表 6.1.1-2 对绞电缆与电力电缆最小净距"的规定。室外墙上敷设的综合布线管线与其他管线的间距应符合规范中"表 6.1.1-3 综合布线管线与其他管线的间距"的规定。综合布线缆线宜单独敷设，与其他弱电系统各子系统缆线间距应符合设计文件要求。对于有安全保密要求的工程，综合布线缆线与信号线、电力线、接地线的间距应符合相应的保密规定和设计要求，综合布线缆线应采用独立的金属导管或金属槽盒敷设。

⑨ 屏蔽电缆的屏蔽层端到端应保持完好的导通性，屏蔽层不应承载拉力。

6.1.2 条列出了采用预埋槽盒和暗管敷设缆线应符合的规定：①槽盒和暗管的两端宜用标志表示出编号等内容。②预埋槽盒宜采用金属槽盒，截面利用率应为 30%～50%。③暗管宜采用钢管或阻燃聚氯乙烯导管。布放大对数主干电缆及 4 芯以上光缆时，直线管道的管径利用率应为 50%～60%，弯导管应为 40%～50%。布放 4 对对绞电缆或 4 芯及以下光缆时，管道的截面利用率应为 25%～30%。④对金属材质有严重腐蚀的场所，不宜采用金属的导管、桥架布线。⑤在建筑物吊顶内应采用金属导管、槽盒布线。⑥导管、桥架跨越建筑物变形缝处，应设补偿装置。

6.1.3条列出了设置缆线桥架敷设缆线时应符合的规定：①密封槽盒内缆线布放应顺直，不宜交叉，在缆线进出槽盒部位、转弯处应绑扎固定。②梯架或托盘内垂直敷设缆线时，在缆线的上端和每间隔1.5m处应固定在梯架或托盘的支架上；水平敷设时，在缆线的首、尾、转弯及每间隔5～10m处应进行固定。③在水平、垂直梯架或托盘中敷设缆线时，应对缆线进行绑扎。对绞电缆、光缆及其他信号电缆应根据缆线的类别、数量、缆径、缆线芯数分束绑扎。绑扎间距不宜大于1.5m，间距应均匀，不宜绑扎过紧或使缆线受到挤压。④室内光缆在梯架或托盘中敞开敷设时应在绑扎固定段加装垫套。

6.1.4条要求采用吊顶支撑柱（垂直槽盒）在顶棚内敷设缆线时，每根支撑柱所辖范围内的缆线可不设置密封槽盒进行布放，但应分束绑扎，缆线应阻燃，缆线选用应符合设计文件要求。

6.1.5条要求建筑群子系统采用架空、管道、电缆沟、电缆隧道、直埋、墙壁及暗管等方式敷设缆线的施工质量检查和验收应符合现行行业标准《通信线路工程验收规范》YD 5121的有关规定。

（2）保护措施部分

6.2.1条列出了配线子系统缆线敷设保护应符合的要求，分金属导管、槽盒明敷设，预埋金属彩盒，预埋暗管，设置桥架，网络地板缆线敷设等5种情况进行规定。

6.2.2条要求当综合布线缆线与大楼弱电系统缆线采用同一槽盒或托盘敷设时，各子系统之间应采用金属板隔开，间距应符合设计文件要求。

6.2.3条要求干线子系统缆线敷设保护方式应符合：①缆线不得布放在电梯或供水、供气、供暖管道竖井中，亦不宜布放在强电竖井中。当与强电共用竖井布放时，缆线的布放应符合规范第6.1.1条第8款的规定。②电信间、设备间、进线间之间干线通道应沟通。

6.2.4条要求建筑群子系统缆线敷设保护方式应符合设计文件要求。

6.2.5条要求当电缆从建筑物外面进入建筑物时，应选用适配的信号线路浪涌保护器，并应符合现行国家标准《综合布线系统工程设计规范》GB 50311的有关规定。

2.4.7 缆线终接部分

7.0.1条要求缆线终接应符合：①缆线在终接前，应核对缆线标识内容是否正确。②缆线终接处应牢固、接触良好。③对绞电缆与连接器件连接应认准线号、线位色标，不得颠倒和错接。

7.0.2条要求对绞电缆终接应符合：①终接时，每对对绞线应保持扭绞状态，扭绞松开长度对于3类电缆不应大于75mm；对于5类电缆不应大于13mm；对于6类及以上类别的电缆不应大于6.4mm。②对绞线与8位模块式通用插座相连时，应按色标和线对顺序进行卡接（如图2-1所示）。两种连接方式均可采用，但在同一布线工程中两种连接方式不应混合使用。③4对对绞电缆与非RJ45模块终接时，应按线序号和组成的线对进行卡接（如图2-2、图2-3所示）。④屏蔽对绞电缆的屏蔽层与连接器件终接处屏蔽罩应通过紧固器件可靠接触，缆线屏蔽层应与连接器件屏蔽罩360°圆周接触，接触长度不宜小于10mm。⑤对不同的屏蔽对绞线或屏蔽电缆，屏蔽层应采用不同的端接方法。应使编织层或金属箔与汇流导线进行有效的端接。⑥信息插座底盒不宜兼做过线盒使用。

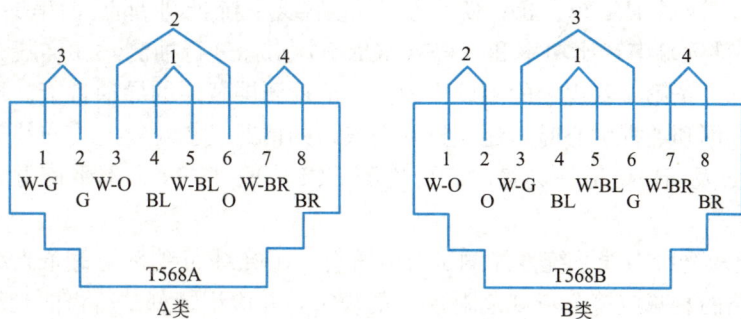

图 2-1　T568A 与 T568B 连接图

注：G（Green）—绿；BL（Blue）—蓝；BR（Brown）—棕；W（White）—白；O（Orange）—橙

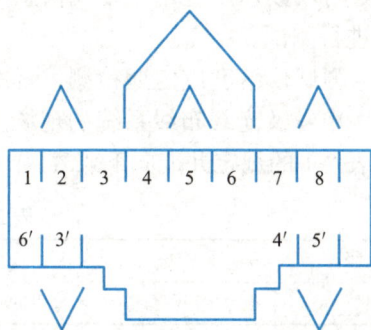

图 2-2　7 类和 7_A 类模块插座连接（正视）方式 1　　　　图 2-3　7 类和 7_A 类插座连接（正视）方式 2

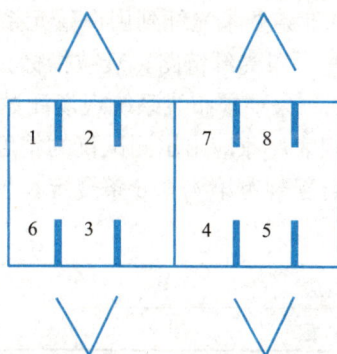

7.0.3 条要求光纤终接与接续应符合：①光纤与连接器件连接可采用尾纤熔接和机械连接方式。②光纤与光纤接续可采用熔接和光连接子连接方式。③光纤熔接处应加以保护和固定。

7.0.4 条要求各类跳线的终接应符合：①各类跳线缆线和连接器件间接触应良好，接线无误，标志齐全。跳线选用类型应符合系统设计要求。②各类跳线长度及性能参数指标应符合设计文件要求。

2.4.8　工程电气测试部分

8.0.1 条明确了综合布线工程电气测试应包括电缆布线系统电气性能测试及光纤布线系统性能测试。

8.0.2 条要求综合布线系统工程测试应随工进行。

8.0.3 条列出了对绞电缆布线系统永久链路、CP 链路及信道测试应符合：①综合布线工程应对每一个完工后的信息点进行永久链路测试。主干缆线采用电缆时也可按照永久链路的连接模型进行测试。②对包含设备缆线和跳线在内的拟用或在用电缆链路进行质量认证时可按信道方式测试。③对跳线和设备缆线进行质量认证时，可进行元件级测试。④对绞电缆布线系统链路或信道应测试长度、连接图、回波损耗、插入损耗、近端串音、近端串音功率和、衰减远端串音比、衰减远端串音比功率和、衰减近端串音比、衰减近端串音比功率和、环路电阻、时延、时延偏差等，指标参数应符合新规范附录 B 规定。⑤现场条件允许时，宜对 EA 级、FA 级对绞电缆布线系统的外部近端串音功率和（PS ANEXT）及外部远端串音比功率和（PSAACR-F）指标进行抽测。⑥屏蔽布线系统应符合本规范第 8.0.3 条第 4 款规定的测试内容，还应检测屏蔽层的导通性能。屏蔽布线系统用于工业级以太网和数据中心时，还应排除虚接地的情况。⑦对绞电缆布线系统应用于工业以太网、POE 及高速信道等场景时，可检测 TCL、ELTCTL、不平衡电阻、耦合衰减等屏蔽特性指标。

8.0.4 条要求光纤布线系统性能测试时应符合：①光纤布线系统每条光纤链路均应测试，信道或链路的衰减应符合新规范附录 C 的规定，并应记录测试所得的光纤长度；②当 OM3、OM4 光纤应用于 10Gbit/s 及以上链路时，应使用发射和接收补偿光纤进行双向 OTDR 测试；③当光纤布线系统性能指标的检测结果不能满足设计要求时，宜通过 OTDR 测试曲线进行故障定位测试。

8.0.5 条要求光纤到用户单元系统工程中，应检测用户接入点至用户单元信息配线箱之间的每一条光纤链路，衰减指标宜采用插入损耗法进行测试。

8.0.6 条要求布线系统现场测试仪功能应符合：①测试仪精度应定期检测，每次现场测试前仪表厂家应出示测试仪的精度有效期限证明。②电缆及光纤布线系统的现场测试仪表应符合新规范第 4.0.6 条规定，仪表的精度应符合表 2-1 的规定并能向下兼容。

测试仪表精度　　　　　　　　　　　　　　　　　　　　　　　　表 2-1

布线等级	D 级	E 级	E_A 级	F 级	F_A 级
仪表精度	II_e	III	III_e	IV	V

8.0.7 条要求布线系统各项测试结果应有详细记录，并应作为竣工资料的一部分。测试内容应按新规范附录 A、附录 B、附录 C 的规定，测试记录可采用自制表格、电子表格或仪表自动生成的报告文件等记录方式，表格形式与内容且有明确规定。

2.4.9　管理系统验收部分

9.0.1 条给出了布线管理系统分级方法：①一级管理应针对单一电信间或设备间的系统；②二级管理应针对同一建筑物内多个电信间或设备间的系统；③三级管理应针对同一建筑群内多栋建筑物的系统，并应包括建筑物内部及外部系统；④四级管理应针对多个建筑群的系统。

9.0.2 条要求综合布线管理系统宜符合：①管理系统级别的选择应符合设计要求；②需要管理的每个组成部分均应设置标签，并由唯一的标识符进行表示，标识符与标签的设置应符合设计要求；③管理系统的记录文档应详细完整并汉化，并应包括每个标识符相关信息、记录、报告、图纸等内容；④不同级别的管理系统可采用通用电子表格、专用管理软件或智能配线系统等进行维护管理。

9.0.3 条要求综合布线管理系统的标识符与标签的设置应符合：①标识符应包括安装场地、缆线终端位置、缆线管道、水平缆线、主干缆线、连接器件、接地等类型的专用标识，系统中每一组件应指定一个唯一标识符；②电信间、设备间、进线间所设置配线设备及信息点处均应设置标签；③每根缆线应指定专用标识符，标在缆线的护套上或在距每一端护套 300mm 内应设置标签，缆线的成端点应设置标签标记指定的专用标识符；④接地体和接地导线应指定专用标识符，标签应设置在靠近导线和接地体的连接处的明显部位；

⑤根据设置的部位不同,可使用粘贴型、插入型或其他类型标签。标签表示内容应清晰,材质应符合工程应用环境要求,具有耐磨、抗恶劣环境、附着力强等性能;⑥成端色标应符合缆线的布放要求,缆线两端成端点的色标颜色应一致。

9.0.4 条要求综合布线系统各个组成部分的管理信息记录和报告应符合:①记录应包括管道、缆线、连接器件及连接位置、接地等内容,各部分记录中应包括相应的标识符、类型、状态、位置等信息;②报告应包括管道、安装场地、缆线、接地系统等内容,各部分报告中应包括相应的记录。

9.0.5 条要求综合布线系统工程当采用布线工程管理软件和电子配线设备组成的智能配线系统进行管理和维护工作时,应按专项系统工程进行验收。

2.4.10 工程验收部分

10.0.1 条明确了竣工技术文件应按如下规定进行编制:

① 工程竣工后,施工单位应在工程验收以前,将工程竣工技术资料交给建设单位。

② 综合布线系统工程的竣工技术资料应包括的内容为:竣工图纸;设备材料进场检验记录及开箱检验记录;系统中文检测报告及中文测试记录;工程变更记录及工程洽商记录;随工验收记录,分项工程质量验收记录;隐蔽工程验收记录及签证;培训记录及培训资料。

③ 竣工技术文件应保证质量,做到外观整洁,内容齐全,数据准确。

10.0.2 条要求综合布线系统工程,应按新规范附录 A 所列项目、内容进行检验。检验应作为工程竣工资料的组成部分及工程验收的依据之一,并应符合下列规定:

① 系统工程安装质量检查,各项指标符合设计要求,被检项检查结果应为合格;被检项的合格率为 100%,工程安装质量应为合格。

② 竣工验收需要抽验系统性能时,抽样比例不应低于 10%,抽样点应包括最远布线点。

③ 系统性能检测单项合格判定应符合下列规定:

一个被测项目的技术参数测试结果不合格,则该项目应为不合格。当某一被测项目的检测结果与相应规定的差值在仪表准确度范围内,则该被测项目应为合格。

按新版规范附录 B 的指标要求,采用 4 对对绞电缆作为水平电缆或主干电缆,所组成的链路或信道有一项指标测试结果不合格,则该水平链路、信道或主干链路、信道应为不合格。

主干布线大对数电缆中按 4 对对绞线测试,有一项指标不合格,则该线对应为不合格。

当光纤链路、信道测试结果不满足新规范附录 C 的指标要求时,则该光纤链路、信道应为不合格。

未通过检测的链路、信道的电缆线对或光纤可在修复后复检。

④ 竣工检测综合合格判定应符合如下规定:

对绞电缆布线全部检测时,无法修复的链路、信道或不合格线对数量有一项超过被测总数的 1%,应为不合格。光缆布线系统检测时,当系统中有一条光纤链路、信道无法修复,则为不合格。

对绞电缆布线抽样检测时,被抽样检测点(线对)不合格比例不大于被测总数的 1%,应为抽样检测通过,不合格点(线对)应予以修复并复检。被抽样检测点(线对)不合格比例如果大于 1%,应为一次抽样检测未通过,应进行加倍抽样,加倍抽样不合格比例不大于 1%，应为抽样检测通过。当不合格比例仍大于 1%，应为抽样检测不通过，应进行全部检测，并按全部检测要求进行判定。

当全部检测或抽样检测的结论为合格时，则竣工检测的最后结论应为合格；当全部检测的结论为不合格时，则竣工检测的最后结论应为不合格。

⑤ 综合布线管理系统的验收合格判定应符合下列规定：

标签和标识应按 10%抽检，系统软件功能应全部检测。检测结果符合设计要求应为合格。

智能配线系统应检测电子配线架链路、信道的物理连接，以及与管理软件中显示的链路、信道连接关系的一致性，按 10%抽检；连接关系全部一致应为合格，有一条及以上链路、信道不一致时，应整改后重新抽测。

10.0.3 条明确了光纤到用户单元系统工程中用户光缆的光纤链路应 100%测试并合格，工程质量判定应为合格。

第 5 节　《建筑防排烟系统技术标准》GB 51251—2017（节选）

本标准条文内容涵盖了建筑防排烟设计、系统控制、施工、系统调试、竣工验收和维护管理 6 大板块，形成体系完整的专业技术国家标准。在《建筑防火设计规范》GB 50016 规定做什么的前提下，本标准解决怎么做的技术规定。

本书着重对新标准中：6 系统施工、7 系统调试、8 系统验收，进行解释与阐述。

2.5.1　系统施工部分

（1）一般规定部分

6.1.1 条明确了防烟、排烟系统的分部、分项工程划分方法，按照标准中附录 C 表 C 执行。

6.1.2 条列出了施工前应具备的调试，包括：①经批准的施工图、设计说明书等设计文件应齐全；②设计单位应向施工、建设、监理单位进行技术交底；③系统主要材料、部件、设备的品种、型号规格符合设计要求，并能保证正常施工；④施工现场及施工中的给水、供电、供气等条件满足连续施工作业要求；⑤系统所需的预埋件、预留孔洞等施工前期条件符合设计要求。

6.1.3 条明确了施工现场进行质量管理，应按标准中附录 D 表 D-1 的要求进行检查。本条对施工企业的资质、质量管理要求做出规定，强调施工企业的资质与工程等级相对应，确保施工质量。

6.1.4 条列出了施工过程质量控制的内容，包括：①施工前，应对设备、材料及配件进行现场检查，检验合格后经监理工程师签证方可安装使用；②施工应按批准的施工图、设计说明书及其设计变更通知单等文件的要求进行；③各工序应按施工技术标准进行质量控制，每道工序完成后，应进行检查，检查合格后方可进入下道工序；④相关各专业工种之间交接时，应进行检验，并经监理工程师签证后方可进入下道工序；⑤施工过程质量检查内容、数量、方法应符合本标准相关规定；⑥施工过程质量检查应由监理工程师组织施工单位人员完成；⑦系统安装完成后，施工单位应按相关专业调试规定进行调试；⑧系统调试完成后，施工单位应向建设单位提交质量控制资料和各类施工过程质量检查记录。

6.1.5 条要求防烟、排烟系统中的送风口、排风口、排烟防火阀、送风风机、排烟风机、固定窗等应设置明显永久标识。

6.1.6条要求防烟、排烟系统施工过程质量检查记录应由施工单位质量检查员按标准附录D填写，监理工程师进行检查，并做出检查结论。

6.1.7条要求防烟、排烟系统工程质量控制资料应按标准中附录E的要求填写。

（2）进场检验部分

6.2.1条列出了风管应符合的要求，要求风管的材料品种、规格、厚度、材料、框架与固定材料、密封垫料等应符合设计要求和现行国家标准的规定。

风管板材的厚度以满足系统的功能需要为前提的，本条从保证风管质量的角度出发，对常用的钢板风管的最低厚度进行了规定；在一些场所需要采用特殊要求的风管，则应根据设计的要求选择达到相应耐火极限。风管的材质、厚度、耐火性能等应与国家市场准入要求的文件内容一致。

6.2.2条列出了系统中各类阀（口）应符合的要求，排烟防火阀、送风口、排烟阀或排烟口等必须符合有关消防产品标准的规定，其型号、规格、数量应符合设计要求，手动开启灵活、关闭可靠严密；防火阀、送风口和排烟阀或排烟口等的驱动装置，动作应可靠，在最大工作压力下工作正常；防烟、排烟系统柔性短管的制作材料必须为不燃材料。

6.2.3条要求风机应符合产品标准和有关消防产品标准的规定，其型号、规格、数量应符合设计要求，出口方向应正确。

6.2.4条要求活动挡烟垂壁及其电动驱动装置和控制装置应符合有关消防产品标准的规定，其型号、规格、数量应符合设计要求，动作可靠。

6.2.5条要求自动排烟窗的驱动装置和控制装置应符合设计要求，动作可靠。

6.2.6条要求防烟、排烟系统工程进场检验记录应按标准中附录D表D-2填写。

6.2.2条～6.2.6条强调风管部件、风机、活动挡烟垂壁、自动排烟窗进场应检验的内容。部件动作性能、驱动装置和活动挡烟垂壁、自动排烟窗的驱动装置应着重检验其可靠性。各进场部件、设备的质量、技术资料应齐全，其生产厂家、产品名称、系列型号应与国家市场准入要求的文件一致，以消除质量隐患。

（3）风管安装部分

6.3.1条列出了金属风管的制作和连接应符合的要求，包括：①风管采用法兰连接时，风管法兰材料规格应符合标准中表6.3.1的规定，其螺栓孔的间距不得大于150mm，矩形风管法兰四角处应设有螺孔；②板材应采用咬口连接或铆接，除镀锌钢板及含有复合保护层的钢板外，板厚大于1.5mm的可采用焊接；③风管应以板材连接的密封为主，可辅以密封胶嵌缝或其他方法密封，密封面宜设在风管的正压侧；④无法兰连接风管的薄钢板法兰高度及连接应按标准中表6.3.1的规定执行；⑤排烟风管的隔热层应采用厚度不小于40mm的不燃绝热材料，绝热材料的施工及风管加固、导流片的设置应按现行国家标准《通风与空调工程施工质量验收规范》GB 50243的有关规定执行。

6.3.2条列出了非金属风管的制作和连接应符合的要求，包括：①非金属风管的材料品种、规格、性能与厚度等应符合设计和现行国家产品标准的规定；②法兰的规格应分别符合标准中表6.3.2的规定，其螺栓孔的间距不得大于120mm；矩形风管法兰的四角处应设有螺孔；③采用套管连接时，套管厚度不得小于风管板材的厚度；④无机玻璃钢风管的玻璃布必须无碱或中碱，层数应符合现行国家标准《通风与空调工程施工质量验收规范》GB 50243的规定，风管的表面不得出现泛卤或严重泛霜。

6.3.1 条和 6.3.2 条规定了金属风管、非金属风管制作和连接的基本要求。风管、风道是系统的重要组成部分，风管、风道由于结构的原因，少量漏风是正常的，也是不可避免的。但是过量的漏风则会影响整个系统功能的实现，因此提高风管、风道的加工和制作质量是非常重要的。当吊顶内有可燃物时，吊顶内的排烟管道应采用不燃烧材料进行隔热，条文规定了材料的种类及厚度的要求，以达到隔热的效果。

6.3.3 条要求风管应按系统类别进行强度和严密性检验，其强度和严密性应符合设计要求或下列规定：

① 风管强度应符合现行行业标准《通风管道技术规程》JGJ/T 141 的规定。

② 金属矩形风管的允许漏风量应符合下列规定：

$$低压系统风管：L_{low} \leqslant 0.1056P_{风管}^{0.65}$$
$$中压系统风管：L_{mid} \leqslant 0.0353P_{风管}^{0.65}$$
$$高压系统风管：L_{high} \leqslant 0.0117P_{风管}^{0.65}$$

式中　L_{low}，L_{mid}，L_{high} ——系统风管在相应工作压力下，单位面积风管单位时间内的允许漏风量 [m³/ (h·m²)]；

$P_{风管}$ ——指风管系统的工作压力（Pa）。

③ 风管系统类别应按标准中表 6.3.3 划分。

④ 金属圆形风管、非金属风管允许的气体漏风量应为金属矩形风管规定值的 50%；

⑤ 排烟风管应按中压系统风管的规定。

6.3.4 条列出了风管安装时应符合的要求，包括：①风管的规格、安装位置、标高、走向应符合设计要求，且现场风管的安装不得缩小接口的有效截面。②风管接口的连接应严密、牢固，垫片厚度不应小于 3mm，不应凸入管内和法兰外；排烟风管法兰垫片应为不燃材料，薄钢板法兰风管应采用螺栓连接。③风管吊、支架的安装应按现行国家标准《通风与空调工程施工质量验收规范》GB 50243 的有关规定执行。④风管与风机的连接宜采用法兰连接，或采用不燃材料的柔性短管连接。当风机仅用于防烟、排烟时，不宜采用柔性连接。⑤风管与风机连接若有转弯处宜加装导流叶片，保证气流顺畅。⑥当风管穿越隔墙或楼板时，风管与隔墙之间的空隙应采用水泥砂浆等不燃材料严密填塞。⑦吊顶内的排烟管道应采用不燃材料隔热，并应与可燃物保持不小于 150mm 的距离。

6.3.5 条要求风管（道）系统安装完毕后，应按系统类别进行严密性检验，检验应以主、干管道为主，漏风量应符合设计与标准中第 6.3.3 条的规定。

（4）部件安装部分

6.4.1 条列出了排烟防火阀安装时应符合的要求，包括：①型号、规格及安装的方向、位置应符合设计要求；②阀门应顺气流方向关闭，防火分区隔墙两侧的排烟防火阀距墙端面不应大于 200mm；③手动和电动装置应灵活、可靠，阀门关闭严密；④应设独立的支、吊架，当风管采用不燃材料防火隔热时，阀门安装处应有明显标识。

防火阀、排烟防火阀的安装方向、位置会影响动作功能的正常发挥，因此要正确。防火分区隔墙两侧的防火阀离墙越远，则对穿越墙的管道耐火性能要求越高，阀门功能作用越差，因此条文予以要求。设置独立支、吊架保证阀门的稳定性，确保动作性能。设明显标识是为了方便维护管理。

6.4.2条要求送风口、排烟阀或排烟口的安装位置应符合标准和设计要求，并应固定牢靠，表面平整、不变形，调节灵活；排烟口距可燃物或可燃构件的距离不应小于1.5m。

6.4.3条要求常闭送风口、排烟阀或排烟口的手动驱动装置应固定安装在明显可见、距楼地面1.3～1.5m之间便于操作的位置，预埋套管不得有死弯及瘪陷，手动驱动装置操作应灵活。

6.4.4条列出了挡烟垂壁安装时应符合的要求，包括：①型号、规格、下垂的长度和安装位置应符合设计要求；②活动挡烟垂壁与建筑结构（柱或墙）面的缝隙不应大于60mm，由两块或两块以上的挡烟垂帘组成的连续性挡烟垂壁，各块之间不应有缝隙，搭接宽度不应小于100mm；③活动挡烟垂壁的手动操作按钮应固定安装在距楼地面1.3～1.5m之间便于操作、明显可见处。

6.4.5条列出了排烟窗安装应符合的要求，包括：①型号、规格和安装位置应符合设计要求；②安装应牢固、可靠，符合有关门窗施工验收规范要求，并应开启、关闭灵活；③手动开启机构或按钮应固定安装在距楼地面1.3～1.5m之间，并应便于操作、明显可见；④自动排烟窗驱动装置的安装应符合设计和产品技术文件要求，并应灵活、可靠。

（5）风机安装部分

6.5.1条规定风机的型号、规格应符合设计规定，其出口方向应正确，排烟风机的出口与加压送风机的进口之间的距离应符合标准中第3.3.5条的规定。

本条强调排烟风机的出风口与加压送风机进口之间的安装间距，保证送风机进口不被污染。

6.5.2条要求风机外壳至墙壁或其他设备的距离不应小于600mm。

本条对送风机、排烟风机至墙壁或其他设备的距离做了规定，主要目的是为了便于风机的维护保养。

6.5.3条要求风机应设在混凝土或钢架基础上，且不应设置减振装置；若排烟系统与通风空调系统共用且需要设置减振装置时，不应使用橡胶减振装置。

防排烟风机是特定情况下的应急设备，发生火灾紧急情况，并不需要考虑设备运行所产生的振动和噪声。而减振装置大部分采用橡胶、弹簧或两者的组合，当设备在高温下运行时，橡胶会变形溶化、弹簧会失去弹性或性能变差，影响排烟风机可靠的运行，因此安装排烟风机时不宜设减振装置。若与通风空调系统合用风机时，也不应选用橡胶或含有橡胶减振装置。

6.5.4条要求吊装风机的支、吊架应焊接牢固、安装可靠，其结构形式和外形尺寸应符合设计或设备技术文件要求。

6.5.5条要求风机驱动装置的外露部位应装设防护罩；直通大气的进、出风口应装设防护网或采取其他安全设施，并应设防雨措施。

本条对风机转动件的外露部位、直通大气的进、出风口的敞口位置规定了保护措施，防止风机对人的意外伤害。

2.5.2 系统调试部分

（1）一般规定部分

7.1.1条要求系统调试应在系统施工完成及与工程有关的火灾自动报警系统及联动控制设备调试合格后进行。

7.1.2 条要求系统调试所使用的测试仪器和仪表，性能应稳定可靠，其精度等级及最小分度值应能满足测定的要求，并应符合国家有关计量法规及检定规程的规定。

7.1.3 条要求系统调试应由施工单位负责、监理单位监督，设计单位与建设单位参与和配合。

本条规定了系统调试必须编制调试方案。系统调试是一项技术性很强的工作，其质量直接影响到系统功能的实现和性能参数。编制调试方案可指导调试人员按规定的程序、正确的方法进行调试，也有利于监理人员对调试过程的监督。

7.1.4 条要求系统调试前，施工单位应编制调试方案，报送专业监理工程师审核批准；调试结束后，必须提供完整的调试资料和报告。

7.1.5 条要求系统调试应包括设备单机调试和系统联动调试，并按标准中附录 D 表 D-4 填写调试记录。

（2）单机调试部分

7.2.1 条列出了排烟防火阀的调试方法及要求应符合的规定，并应按附录 D 中表 D-4 填写记录：①进行手动关闭、复位试验，阀门动作应灵敏、可靠，关闭应严密；②模拟火灾，相应区域火灾报警后，同一防火分区内排烟管道上的其他阀门应联动关闭；③阀门关闭后的状态信号应能反馈到消防控制室；④阀门关闭后应能联动相应的风机停止。

7.2.2 条列出了常闭送风口、排烟阀或排烟口的调试方法及要求应符合的规定：①进行手动开启、复位试验，阀门动作应灵敏、可靠，远距离控制机构的脱扣钢丝连接不应松弛、脱落；②模拟火灾，相应区域火灾报警后，同一防火分区的常闭送风口和同一防烟分区内的排烟阀或排烟口应联动开启；③阀门开启后的状态信号应能反馈到消防控制室；④阀门开启后应能联动相应的风机启动。

7.2.3 条列出了活动挡烟垂壁的调试方法及要求应符合的规定：①手动操作挡烟垂壁按钮进行开启、复位试验，挡烟垂壁应灵敏、可靠地启动与到位后停止，下降高度应符合设计要求；②模拟火灾，相应区域火灾报警后，同一防烟分区内挡烟垂壁应在 60s 以内联动下降到设计高度；③挡烟垂壁下降到设计高度后应能将状态信号反馈到消防控制室。

7.2.4 条列出了自动排烟窗的调试方法及要求应符合的规定：①手动操作排烟窗开关进行开启、关闭试验，排烟窗动作应灵敏、可靠；②模拟火灾，相应区域火灾报警后，同一防烟分区内排烟窗应能联动开启；完全开启时间应符合标准中第 5.2.6 条的规定；③与消防控制室联动的排烟窗完全开启后，状态信号应反馈到消防控制室。

7.2.1 条～7.2.4 条对系统中运用的主要部件单机调试的内容及应达到的功能做出规定。对防火阀、排烟防火阀、常闭送风口、排烟阀（口）、自动排烟窗和活动挡烟垂壁的执行机构进行手动开启及复位的试验，是考虑到当前我国防排烟系统阀门安装质量和阀门本身可靠性方面尚存在各种问题。因此通过调试时手动开启及复位试验，能及时发现系统安装及产品质量上存在的问题，并及时排除，以保证系统能可靠、正常地工作。动作信号的反馈是为了消防控制室操作人员能掌握系统各部件的工作状态，为正确操作系统作判断。

7.2.5 条列出了送风机、排烟风机调试方法及要求应符合的规定：①手动开启风机，风机应正常运转 2.0h，叶轮旋转方向应正确、运转平稳、无异常振动与声响；②应核对风机的铭牌值，并应测定风机的风量、风压、电流和电压，其结果应与设计相符；③应能在消防控制室手动控制风机的启动、停止，风机的启动、停止状态信号应能反馈到消防控制室；④当风机进、出风管上安装单向风阀或电动风阀时，风阀的开启与关闭应与风机的启动、停止同步。

7.2.6 条列出了机械加压送风系统风速及余压的调试方法及要求应符合的规定：①应选取送风系统末端所对应的送风最不利的三个连续楼层模拟起火层及其上下层，封闭避难层（间）仅需选取本层，调试送风系统使上述楼层的楼梯间、前室及封闭避难层（间）的风压值及疏散门的门洞断面风速值与设计值的偏差不大于10%；②对楼梯间和前室的调试应单独分别进行，且互不影响；③调试楼梯间和前室疏散门的门洞断面风速时，设计疏散门开启的楼层数量应符合标准中第3.4.6条的规定。

7.2.7 条列出了机械排烟系统风速和风量的调试方法及要求应符合的规定：①应根据设计模式，开启排烟风机和相应的排烟阀或排烟口，调试排烟系统使排烟阀或排烟口处的风速值及排烟量值达到设计要求；②开启排烟系统的同时，还应开启补风机和相应的补风口，调试补风系统使补风口处的风速值及补风量值达到设计要求；③应测试每个风口风速，核算每个风口的风量及其防烟分区总风量。

（3）联动调试部分

7.3.1 条列出了机械加压送风系统的联动调试方法及要求应符合的规定：①当任何一个常闭送风口开启时，相应的送风机均应能联动启动；②与火灾自动报警系统联动调试时，当火灾自动报警探测器发出火警信号后，应在15s内启动与设计要求一致的送风口、送风机，且其联动启动方式应符合现行国家标准《火灾自动报警系统设计规范》GB 50116的规定，其状态信号应反馈到消防控制室。

7.3.2 条列出了机械排烟系统的联动调试方法及要求应符合的规定：①当任何一个常闭排烟阀或排烟口开启时，排烟风机均应能联动启动。②应与火灾自动报警系统联动调试。当火灾自动报警系统发出火警信号后，机械排烟系统应启动有关部位的排烟阀或排烟口、排烟风机；启动的排烟阀或排烟口、排烟风机应与设计和标准要求一致，其状态信号应反馈到消防控制室。③有补风要求的机械排烟场所，当火灾确认后，补风系统应启动。④排烟系统与通风、空调系统合用，当火灾自动报警系统发出火警信号后，由通风、空调系统转换为排烟系统的时间应符合标准中第5.2.3条的规定。

7.3.3 条列出了自动排烟窗的联动调试方法及要求应符合的规定：①自动排烟窗应在火灾自动报警系统发出火警信号后联动开启到符合要求的位置；②动作状态信号应反馈到消防控制室。

7.3.4 条列出了活动挡烟垂壁的联动调试方法及要求应符合下列规定：①活动挡烟垂壁应在火灾报警后联动下降到设计高度；②动作状态信号应反馈到消防控制室。

7.3.1 条～7.3.4 条规定了机械加压送风系统、机械排烟系统、自动排烟窗和活动挡烟垂壁的联动要求。一旦发生火灾，火灾自动报警系统应能联动送风机、送风口、排烟风机、排烟口、自动排烟窗和活动挡烟垂壁等设备动作，以保证机械加压送风系统和排烟系统的正常运行。

2.5.3　系统验收部分

（1）一般规定部分

8.1.1 条为强制条文，要求系统竣工后，应进行工程验收，验收不合格不得投入使用。

系统竣工验收是对系统设计和施工质量的全面检查，主要是针对系统设计内容进行检查和必要的性能测试。本条为强制性条文，必须严格执行。

8.1.2 条要求工程验收工作应由建设单位负责，并应组织设计、施工、监理等单位共同进行。

8.1.3 条要求系统验收时应按标准中附录 F 填写防烟、排烟系统及隐蔽工程验收记录表。

8.1.4 条列出了工程竣工验收时，施工单位应提供的资料：①竣工验收申请报告；②施工图、设计说明书、设计变更通知书和设计审核意见书、竣工图；③工程质量事故处理报告；④防烟、排烟系统施工过程质量检查记录；⑤防烟、排烟系统工程质量控制资料检查记录。

本条规定了防排烟系统竣工验收前，申请单位应提交的技术文件。完整的技术资料是对工程建设项目的设计和施工实施有效监督的基础，也是竣工验收时对系统的质量做出合理评价的依据，同时也便于用户的操作、维护和管理。

（2）工程验收部分

8.2.1 条列出了防烟、排烟系统观感质量的综合验收方法及要求应符合的规定：①风管表面应平整、无损坏；接管合理，风管的连接以及风管与风机的连接应无明显缺陷。②风口表面应平整，颜色一致，安装位置正确，风口可调节部件应能正常动作。③各类调节装置安装应正确牢固、调节灵活，操作方便。④风管、部件及管道的支、吊架形式、位置及间距应符合要求。⑤风机的安装应正确牢固。

8.2.2 条列出了防烟、排烟系统设备手动功能的验收方法及要求应符合的规定：①送风机、排烟风机应能正常手动启动和停止，状态信号应在消防控制室显示；②送风口、排烟阀或排烟口应能正常手动开启和复位，阀门关闭严密，动作信号应在消防控制室显示；③活动挡烟垂壁、自动排烟窗应能正常手动开启和复位，动作信号应在消防控制室显示。

8.2.3 条列出了防烟、排烟系统设备应按设计联动启动，其功能验收方法及要求应符合的规定：①送风口的开启和送风机的启动应符合标准中第 5.1.2 条、第 5.1.3 条的规定；②排烟阀或排烟口的开启和排烟风机的启动应符合标准中第 5.2.2 条、第 5.2.3 条和第 5.2.4 条的规定；③活动挡烟垂壁开启到位的时间应符合标准中第 5.2.5 条的规定；④自动排烟窗开启完毕的时间应符合标准中第 5.2.6 条的规定；⑤补风机的启动应符合标准中第 5.2.2 条的规定；⑥各部件、设备动作状态信号应在消防控制室显示。

8.2.4 条列出了自然通风及自然排烟设施验收时，相关项目应达到设计和标准的要求：①封闭楼梯间、防烟楼梯间、前室及消防电梯前室可开启外窗的布置方式和面积；②避难层（间）可开启外窗或百叶窗的布置方式和面积；③设置自然排烟场所的可开启外窗、排烟窗、可熔性采光带（窗）的布置方式和面积。

8.2.5 条列出了机械防烟系统的验收方法及要求应符合的规定：①选取送风系统末端所对应的送风最不利的三个连续楼层模拟起火层及其上下层，封闭避难层（间）仅需选取本层，测试前室及封闭避难层（间）的风压值及疏散门的门洞断面风速值，应分别符合标准中第 3.4.4 条和第 3.4.6 条的规定，且偏差不大于设计值的 10%；②对楼梯间和前室的测试应单独分别进行，且互不影响；③测试楼梯间和前室疏散门的门洞断面风速时，应同时开启三个楼层的疏散门。

8.2.6 条列出了机械排烟系统的性能验收方法及要求应符合的规定：①开启任一防烟分区的全部排烟口，风机启动后测试排烟口处的风速，风速、风量应符合设计要求且偏差不大于设计值的 10%；②设有补风系统的场所，应测试补风口风速，风速、风量应符合设计要求且偏差不大于设计值的 10%。

8.2.7 条明确了系统工程质量验收判定条件应符合的规定：①系统的设备、部件型号规格与设计不符，无出厂质量合格证明文件及符合国家市场准入制度规定的文件，系统验收不符合标准中第 8.2.2 条～第 8.2.6 条任一款功能及主要性能参数要求的，定为 A 类不合格；②不符合标准中第 8.1.4 条任一款要求的定为 B 类不合格；③不符合标准中第 8.2.1 条任一款要求的定为 C 类不合格；④系统验收合格判定应为：A＝0 且 B≤2，B＋C ≤6 为合格，否则为不合格。

本条规定了验收的判定条件。工程质量是所有防烟和排烟系统正常运行的保障。为了保证工程质量，又能及时投入使用，所以规定了主控项目不允许出现 A 类不合格。

第 6 节　《建筑给水排水设计标准》GB 50015—2019（节选）

《建筑给水排水设计标准》为国家标准，编号为 GB 50015—2019，自 2020 年 3 月 1 日起实施。其中，第 3.1.2、3.1.3、3.1.4、3.3.4、3.3.6、3.3.7、3.3.8、3.3.9、3.3.10、3.3.13、3.3.16、3.3.20、3.3.21、3.6.3、3.10.10、3.10.13、3.10.15、3.10.22、3.10.25、3.13.11、4.3.10、4.3.11、4.4.2、4.4.3、4.4.12、4.4.17、4.10.13、6.3.9、6.5.6、6.5.20 条为强制性条文，必须严格执行。本节主要对与质量相关的条文和强制性条文做了介绍。

2.6.1　给水

第 3.1.2 条　自备水源的供水管道严禁与城镇给水管道直接连接。

第 3.1.3 条　中水、回用雨水等非生活饮用水管道严禁与生活饮用水管道连接。

第 3.1.4 条　生活饮用水应设有防止管道内产生虹吸回流、背压回流等污染的措施。

第 3.2.14 条　公共场所卫生间的卫生器具设置应符合下列规定：

(1) 洗手盆应采用感应式水嘴或延时自闭式水嘴等限流节水装置；

(2) 小便器应采用感应式或延时自闭式冲洗阀；

(3) 坐式大便器宜采用设有大、小便分档的冲洗水箱，蹲式大便器应采用感应式冲洗阀、延时自闭式冲洗阀等。

第 3.3.4 条　卫生器具和用水设备等的生活饮用水管配水件出水口应符合下列规定：

(1) 出水口不得被任何液体或杂质所淹没；

(2) 出水口高出承接用水容器溢流边缘的最小空气间隙，不得小于出水口直径的 2.5 倍。

第 3.3.6 条　从生活饮用水管网向下列水池（箱）补水时应符合下列规定：

(1) 向消防等其他非供生活饮用的贮水池（箱）补水时，其进水管口最低点高出溢流边缘的空气间隙不应小于 150mm；

（2）向中水、雨水回用水等回用水系统的贮水池（箱）补水时，其进水管口最低点高出溢流边缘的空气间隙不应小于进水管管径的 2.5 倍，且不应小于 150mm。

第 3.3.7 条　从生活饮用水管道上直接供下列用水管道时，应在用水管道的下列部位设置倒流防止器：

（1）从城镇给水管网的不同管段接出两路及两路以上至小区或建筑物，且与城镇给水管形成连通管网的引入管上；

（2）从城镇生活给水管网直接抽水的生活供水加压设备进水管上；

（3）利用城镇给水管网直接连接且小区引入管无防回流设施时，向气压水罐、热水锅炉、热水机组、水加热器等有压容器或密闭容器注水的进水管上。

第 3.3.8 条　从小区或建筑物内的生活饮用水管道系统上接下列用水管道或设备时，应设置倒流防止器：

（1）单独接出消防用水管道时，在消防用水管道的起端；

（2）从生活用水与消防用水合用贮水池中抽水的消防水泵出水管上。

第 3.3.9 条　生活饮用水管道系统上连接下列含有有害健康物质等有毒有害场所或设备时，必须设置倒流防止设施：

（1）贮存池（罐）、装置、设备的连接管上；

（2）化工剂罐区、化工车间、三级及三级以上的生物安全实验室除按本条第（1）款设置外，还应在其引入管上设置有空气间隙的水箱，设置位置应在防护区外。

第 3.3.10 条　从小区或建筑物内的生活饮用水管道上直接接出下列用水管道时，应在用水管道上设置真空破坏器等防回流污染设施：

（1）当游泳池、水上游乐池、按摩池、水景池、循环冷却水集水池等的充水或补水管道出口与溢流水位之间应设有空气间隙，且空气间隙小于出口管径的 2.5 倍时，在其充（补）水管上；

（2）不含有化学药剂的绿地喷灌系统，当喷头为地下式或自动升降式时，在其管道起端；

（3）消防（软管）卷盘、轻便消防水龙；

（4）出口接软管的冲洗水嘴（阀）、补水水嘴与给水管道连接处。

第 3.3.13 条　严禁生活饮用水管道与大便器（槽）、小便斗（槽）采用非专用冲洗阀直接连接。

第 3.3.16 条　建筑物内的生活饮用水水池（箱）体，应采用独立结构形式，不得利用建筑物的本体结构作为水池（箱）的壁板、底板及顶盖。

生活饮用水水池（箱）与消防用水水池（箱）并列设置时，应有各自独立的池（箱）壁。

第 3.3.20 条　生活饮用水水池（箱）应设置消毒装置。

第 3.3.21 条　在非饮用水管道上安装水嘴或取水短管时，应采取防止误饮误用的措施。

第 3.6.3 条　室内给水管道不得布置在遇水会引起燃烧、爆炸的原料、产品和设备的上面。

第 3.10.10 条　水上游乐池滑道润滑水系统的循环水泵，必须设置备用泵。

第 3.10.13 条　游泳池和水上游乐池的池水必须进行消毒处理。

第 3.10.15 条　使用臭氧消毒时，臭氧应采用负压方式投加在过滤器之后的循环水管道上，并应采用与循环水泵联锁的全自动控制投加系统。严禁将氯消毒剂直接注入游泳池。

第 3.10.22 条　游泳池和水上游乐池的进水口、池底回水口和泄水口应配设格栅盖板，格栅间隙宽度不应大于 8mm。泄水口的数量应满足不会产生对人体造成伤害的负压。通过格栅的水流速度不应大于 0.2m/s。

第 3.10.25 条　比赛用跳水池必须设置水面制波和喷水装置。

2.6.2　生活排水

第 4.3.10 条　下列设施与生活污水管道或其他可能产生有害气体的排水管道连接时，必须在排水口以下设存水弯：

(1) 构造内无存水弯的卫生器具或无水封的地漏；

(2) 其他设备的排水口或排水沟的排水口。

第 4.3.11 条　水封装置的水封深度不得小于 50mm，严禁采用活动机械活瓣替代水封，严禁采用钟式结构地漏。

第 4.4.2'条　排水管道不得穿越下列场所：

(1) 卧室、客房、病房和宿舍等人员居住的房间；

(2) 生活饮用水池（箱）上方；

(3) 遇水会引起燃烧、爆炸的原料、产品和设备的上面；

(4) 食堂厨房和饮食业厨房的主副食操作、烹调和备餐的上方。

第 4.4.3 条　住宅厨房间的废水不得与卫生间的污水合用一根立管。

第 4.4.12 条　下列构筑物和设备的排水管与生活排水管道系统应采取间接排水的方式：

(1) 生活饮用水贮水箱（池）的泄水管和溢流管；

(2) 开水器、热水器排水；

(3) 医疗灭菌消毒设备的排水；

(4) 蒸发式冷却器、空调设备冷凝水的排水；

(5) 贮存食品或饮料的冷藏库房的地面排水和冷风机溶霜水盘的排水。

第 4.4.17 条　室内生活废水排水沟与室外生活污水管道连接处，应设水封装置。

第 4.10.13 条　化粪池与地下取水构筑物的净距不得小于 30m。

2.6.3　雨水

第 5.1.3 条　小区雨水排水系统应与生活污水系统分流。雨水回用时，应设置独立的雨水收集管道系统，雨水利用系统处理后的水可在中水贮存池中与中水合并回用。

第 5.1.4 条　建筑小区在总体地面高程设计时，宜利用地形高程进行雨水自流排水；同时应采取防止滑坡、水土流失、塌方、泥石流、地（路）面结冻等地质灾害发生的技术措施。

第5.2.14条　当满管压力流雨水斗布置在集水槽中时，集水槽的平面尺寸应满足雨水斗安装和汇水要求，其有效水深不宜小于250mm。

第5.2.15条　雨水斗外边缘距天沟或集水槽装饰面净距不得小于50mm。

第5.2.24条　阳台、露台雨水系统设置应符合下列规定：

（1）高层建筑阳台、露台雨水系统应单独设置；

（2）多层建筑阳台、露台雨水系统宜单独设置；

（3）阳台雨水的立管可设置在阳台内部；

（4）当住宅阳台、露台雨水排入室外地面或雨水控制利用设施时，雨落水管应采取断接方式；当阳台、露台雨水排入小区污水管道时，应设水封井。

（5）当屋面雨落水管雨水间接排水且阳台排水有防返溢的技术措施时，阳台雨水可接入屋面雨落水管。

（6）当生活阳台设有生活排水设备及地漏时，应设专用排水立管接入污水排水系统，可不另设阳台雨水排水地漏。

2.6.4　热水及饮水供应

第6.3.9条　老年人照料设施、安定医院、幼儿园、监狱等建筑中为特殊人群提供沐浴热水的设施，应有防烫伤措施。

第6.5.6条　燃气热水器、电热水器必须带有保证使用安全的装置。严禁在浴室内安装直接排气式燃气热水器等在使用空间内积聚有害气体的加热设备。

第6.5.20条　膨胀管上严禁装设阀门。

第6.8.3条　热水管道系统应采取补偿管道热胀冷缩的措施。

第6.8.4条　配水干管和立管最高点应设置排气装置。系统最低点应设置泄水装置。

第6.8.5条　下行上给式系统回水立管可在最高配水点以下与配水立管连接。上行下给式系统可将循环管道与各立管连接。

第6.8.7条　热水管网应在下列管段上装设阀门：

（1）与配水、回水干管连接的分干管；

（2）配水立管和回水立管；

（3）从立管接出的支管；

（4）室内热水管道向住户、公用卫生间等接出的配水管的起端；

（5）水加热设备，水处理设备的进、出水管及系统用于温度、流量、压力等控制阀件连接处的管段上按其安装要求配置阀门。

第6.8.8条　热水管网应在下列管段上设置止回阀：

（1）水加热器或贮热水罐的冷水供水管；

（2）机械循环的第二循环系统回水管；

（3）冷热水混水器、恒温混合阀等的冷、热水供水管。

第6.8.9条　水加热设备的出水温度应根据其贮热调节容积大小分别采用不同温级精度要求的自动温度控制装置。当采用汽水换热的水加热设备时，应在热媒管上增设切断汽源的电动阀。

第 6.8.10 条　水加热设备的上部、热媒进出口管、贮热水罐、冷热水混合器上和恒温混合阀的本体或连接管上应装温度计、压力表；热水循环泵的进水管上应装温度计及控制循环水泵开停的温度传感器；热水箱应装温度计、水位计；压力容器设备应装安全阀，安全阀的接管直径应经计算确定，并应符合锅炉及压力容器的有关规定，安全阀前后不得设阀门，其泄水管应引至安全处。

第 6.8.12 条　热水横干管的敷设坡度，上行下给式系统不宜小于 0.005，下行上给式系统不宜小于 0.003。

第 6.8.13 条　塑料热水管宜暗设，明设时立管宜布置在不受撞击处。当不能避免时，应在管外采取保护措施。

第 6.8.16 条　热水管穿越建筑物墙壁、楼板和基础处应设置金属套管，穿越屋面及地下室外墙时应设置金属防水套管。

第 6.8.18 条　用蒸汽作热媒间接加热的水加热器应在每台开水器凝结水回水管上单独设疏水器，蒸汽立管最低处、蒸汽管下凹处的下部应设疏水器。

第 6.8.19 条　疏水器口径应经计算确定，疏水器前应装过滤器，旁边不宜附设旁通阀。

第 7 节　《安全防范工程技术标准》GB 50348—2018（节选）

本标准修订的主要技术内容是：

1. 在原标准的基础上增加了风险防范规划、系统架构规划、人力防范规划、实体防护设计以及工程建设程序、监理、运行、维护、咨询服务等内容；

2. 删除了原标准中高风险对象和普通风险对象的安全防范工程设计内容，将标准内容定位在安全防范工程建设和系统运行维护的通用要求。

本标准的主要内容是：1 总则；2 术语；3 基本规定；4 规划；5 工程建设程序；6 工程设计；7 工程施工；8 工程监理；9 工程检验；10 工程验收；11 系统运行与维护；12 咨询服务。

本书着重对新标准中的 9 工程检验、10 工程验收，进行解释与阐述。

2.7.1　工程检验部分

（1）一般规定部分

9.1.1 条要求安全防范工程竣工验收前，应由符合条件的检验机构对安全防范工程的系统架构、实体和电子防护的功能性能、系统安全性、电磁兼容性、防雷与接地、系统供电、信号传输、设备安装及监控中心等项目进行检验。

9.1.2 条要求工程检验应依据竣工文件和国家现行有关标准，检验项目应覆盖工程合同、深化设计文件及工程变更文件的主要技术内容。

9.1.3 条为强制条文，要求工程检验所使用的仪器、仪表必须经检定或校准合格，且检定或校准数据范围应满足检验项目的范围和精度的要求。

9.1.4 条列出了工程检验程序应符合下列规定：①受检单位应提出申请，并至少提交工程合同、深化设计文件、工程变更文件等资料；②检验机构应在实施工程检验前根据本标准和提交的资料确定检验范围，并制定检验方案和实施细则；③检验人员应按照检验方案和实施细则进行现场检验；④检验完成后应编制检验报告，并做出检验结论。

9.1.5条要求工程检验应对系统设备按产品类型及型号进行抽样，抽样数量应符合的规定为：①同型号产品数量≤5时，应全数检验；②同型号产品数量＞5时，应根据现行国家标准《计数抽样检验程序 第1部分：按接收质量限（AQL）检索的逐批检验抽样计划》GB/T 2828.1中的一般检验水平Ⅰ进行抽样，且抽样数量不应少于5；③高风险保护对象安全防范工程的检验，可加大抽样数量。

9.1.6条要求工程检验中有不合格项时，允许改正后进行复检。复检时抽样数量应加倍，复检仍不合格则判该项不合格。

9.1.7条要求安全防范工程交付使用后，可进行系统运行检验。

（2）系统架构检验部分

9.2.1条要求系统架构的检验项目、检验要求及检验方法应符合新标准中表9.2.1的要求。

其中检验项目"1 系统配置、资源"为必检项目。

检验要求为：各子系统的配置资源应与竣工文件一致；系统接入的信息资源应与竣工文件一致；系统各级监控中心、机房、安全防范管理平台的设置应与竣工文件一致。检验方法为：检查各子系统的设备、数量、位置；检查系统联网的信息资源及各资源的接入方式；检查系统配置的监控中心、分控中心及设备机房等的数量、位置及面积，检查安全防范管理平台、客户端或分平台的位置、数量，检查用户终端的数量、权限设置、位置。

此外，还需要对集成联网方式、传输网络、存储管理、系统供电、安全措施、其他项目等6个检验项目进行检验。

（3）实体防护检验部分

9.3.1条要求实体防护的检验项目、检验要求及检验方法应符合新标准中表9.3.1的要求。

其中检验项目"3 周界实体防护的车辆实体屏障、4 周界实体防护的安防照明与警示标志、6 实体装置"为必检项目。

"3 周界实体防护的车辆实体屏障"的检验要求为：可在周界、出入口、建（构）筑物外广场等区域或部位设置被动式车辆实体屏障和主动式车辆实体屏障；车辆实体屏障的高度、结构强度、固定方式、材质材料应符合竣工文件要求；有防爆炸要求的车辆实体屏障，设置的安全距离应符合竣工文件要求。检验方法为：检查车辆实体屏障的类型、安装位置、数量；检查车辆实体屏障的固定方式，测量车辆实体屏障的高度、核查车辆实体屏障的产品检查报告中所采用的材料和结构强度；对有防爆炸要求的车辆实体屏障，测量车辆实体屏障与保护对象之间的距离。

"4 周界实体防护的安防照明与警示标志"的检验要求为：安防照明的设置、照射的区域和照度应符合竣工文件要求，安防照明宜与电子防护系统联动；应在必要位置设置明显的警示标志，警示标志尺寸、颜色、文字、图像、标识应符合竣工文件要求。检验方法为：检查采取的安防照明措施、位置、数量、照射的区域，测量安防照明的照度，满足联动条件后，测试联动效果；检查警示标志的位置、颜色、文字、图像和标识等，测量警告标志的尺寸。

"6 实体装置"的检验要求为：根据保护目标的安全需求配置的实体装置应具备防窥视、防砸、防撬、防弹、防爆炸等相应的防护能力，防弹保险柜（箱）、物品展示柜、防护罩、保护套等实体装置的设置应符合竣工文件要求。检验方法为：检查实体装置的配置位置、数量，核查实体装置和保险柜（箱）等产品的检测报告。

此外，还需要对周界实体屏障、出入口实体屏障、建（构）筑物实体防护、其他项目等 4 个检验项目进行检验。

（4）电子防护检验部分

9.4.1 条要求安全防范管理平台的检验项目、检验要求及检验方法应符合新标准中表9.4.1 的要求。

其中检验项目"2 信息管理、5 联动控制、8 系统校时、12 指挥调度"为必检项目。

"2 信息管理"的检验要求为：应能实现系统中报警、视频图像等各类信息的存储管理、检索与回放。检验方法为：授权用户通过平台对报警、视频的历史记录分别以时间、地点、类型或性质等条件进行检索、回放，对记录存储位置、时间格式、溢出处理方式等参数进行设置。

"5 联动控制"的检验要求为：应能实现相关子系统间的联动，并以声和（或）光和（或）文字图形方式显示联动信息。检验方法为：触发联动条件，同时通过平台核查声光、文字等形式的联动提示信息，并查看相关设备动作效果。

"8 系统校时"的检验要求为：应能对系统及设备的时钟进行自动校时，计时偏差应满足管理要求。检验方法为：调整各系统设备的时钟，通过系统中的校时服务器或其他设备设定系统自动校时参数，满足校时条件后，查看系统时钟、设时钟与标准时钟之间的偏差。

"12 指挥调度"的检验要求为：应能支持通过对各类信息的综合掌控，实现对资源的统一调配和应急事件的快速处置。检验方法为：检查平台对各类信息的综合管理，对各类资源进行访问、控制及管理。

此外，还需要对集成管理、用户管理、设备管理、日志管理、统计分析、预案管理、人机交互、联网共享、其他项目等 9 个检验项目进行检验。

9.4.2 条要求入侵和紧急报警系统的检验项目、检验要求及检验方法应符合新标准中表 9.4.2 的要求。

其中"2 探测功能、3 防拆功能、4 防破坏及故障识别功能、9 传输功能、10 记录功能、11 响应时间、12 复核功能"为必检项目。

"2 探测功能"的检验要求为：入侵和紧急报警系统应能准确、及时地探测入侵行为或触发紧急报警装置，并发出入侵报警信号或紧急报警信号。检验方法为：设防状态下，通过人员现场模拟入侵探测区域，当进入最大探测区域位置进行模拟入侵测试；在任何状态下，触发紧急报警装置进行测试；查看报警信号、报警信息与实际的触发情况。

"3 防拆功能"的检验要求为：当入侵和紧急报警系统的控制指示设备、告警装置、安全等级 2/3/4 级的入侵探测器、安全等级 3/4 的接线盒等设备被替换或外壳被打开，应能发出防拆信号。检验方法为：在任何状态下，打开入侵和紧急报警系统的探测器、传输、控制指示、告警装置的外壳或替换设备，查看声光报警信号和报警信息的状态。

"4 防破坏及故障识别功能"的检验要求为：当报警信号传输线被断路/短路、探测器电源线被切断、系统设备出现故障时，报警控制设备上应发出声、光报警信息。检验方法为：报警探测回路发生断路、短路和电源线被切断时，查看报警状态和报警功能。

"9 传输功能"的检验要求为：应能实时传递各类报警信号/信息、控制指示设备各类运行状态信息和事件信息；当传输链路受到来自防护区域外部的影响时，安全等级 4 应采取特殊措施以确保信号或信息不能被延迟、修改、替换或丢失。检验方法为：对系统发生的各类报警信号/信息、控制指示设备的各类运行状态信息以及事件信息，检查传输至控制指示设备的状态；当传输链路发生断路、短路时，查看发送至报警控制设备的报警信息；当传输链路受到来自防护区域外部的影响时，检查安全等级 4 的系统传输链路所采取的保护措施。

"10 记录功能"的检验要求为：应能对系统操作、报警和有关警情处理等事件进行记录和存储，且不可更改；对于安全等级 2、3 和 4 级应具有记录等待传输事件的功能、记录事件发生的时间和日期；对于安全等级 3、4 级应具有事件记录永久保存的设备。检验方法为：触发报警，查看报警记录，包括报警发生的时间、地点、报警信息性质、故障信息性质、警情处理等信息，检查信息记录的准确性、可更改性；根据系统的安全等级，检查报警和事件记录的时间、日期以及保存设备。

"11 响应时间"的检验要求为：系统报警响应时间应能满足，在单控制器模式下不大于 2s；在本地联网模式下，安全等于 1 不大于 10s，安全等级 2、3 不大于 5s，安全等级 4 不大于 2s；在远程联网模式下，安全等级 1、2 不大于 20s，安全等级 3、4 不大于 10s。检验方法为：根据系统设计的模式和安全等级，布防后触发探测器发生报警，测试发生报警到报警控制设备和指示设备接收信号的时间。

"12 复核功能"的检验要求为：在重要区域和重要部位发出报警的同时，应能对报警现场进行声音和（或）图像复核。检验方法为：检查声音和（或）图像复核装置的配置位置、数量；触发报警后，验证现场声音和图像显示，检查声音和图像的清晰度、准确性。

此外，还需要对安全等级、设置功能、操作功能、指示功能、通告功能、误报警与漏报警、报警信息分析功能、其他项目等 8 个检验项目进行检验。

9.4.3 条要求视频监控系统的检验项目、检验要求及检验方法应符合新标准中表 9.4.3 的要求。

其中"1 视频/音频采集功能、4 远程控制功能、5 视频显示和声音展示功能、6 存储/回放/检索功能、9 系统管路功能"为必检项目。

"1 视频/音频采集功能"的检验要求为：视频采集设备的监控范围应有效覆盖被保护部位、区域或目标，监视效果应满足场景和目标特征识别的不同需求；视频采集设备的灵敏度和动态范围应满足现场图像采集的要求；视频采集设备宜具有同步音频采集功能。检验方法为：检查视频采集设备的配置位置、数量、覆盖的部位、区域和目标、查看所采用设备的位置、角度、类型；核查视频采集设备的产品检测报告中摄像机的灵敏度和动态范围；具有音频采集功能时，检测采集音频的清晰可辨性、连续性和音视频的同步性。

"4 远程控制功能"的检验要求为：系统应具有按照授权对选定的前端视频采集设备进行 PTZ 实时控制和（或）工作参数调整的能力。检验方法为：以不同的授权用户对前端视频采集设备进行控制，包括 PTZ 控制及编码方式、码流、帧率、加密等的调整，检查授权用户和非授权用户的控制及调整功能，测试对前端视频采集设备进行 PTZ 控制时的端到端的时间延时。

"5 视频显示和声音展示功能"的检验要求为：系统应能实时显示系统内的所有视频图像，系统图像质量应满足竣工文件要求，显示的方式可以是单屏幕单路视频，也可以是单屏幕多画面，也可以是组合屏幕综合显示，声音的展示应满足辨识需要，显示的图像和展示的声音应具有原始完整性。检验方法为：检查授权用户在客户端/显示设备上依次对所有视频图像进行调取浏览和选取不同时间段的历史图像进行回放，检查采取单画面或多画面的显示；分别通过视频测试卡图像采集、后端显示及存储的过程对显示的图像和回放的图像质量进行测试，包括分辨力、帧率、灰度等级等；对显示视频图像的几何特征、现场目标活动连续性、清晰度、色彩进行主观评价；对采集的音频信息进行实时播放和回放，检查声音信息的清晰可辨性。

"6 存储/回放/检索功能"的检验要求为：视频存储设备应能完整记录指定的视频图像信息、存储的视频路数、存储格式、存储时间应符合竣工文件要求；视频存储设备应支持视频图像信息的及时保存、连续回放、多用户实时检索和数据导出等功能；视频图像信息保存期限不应少于 30d；防范恐怖袭击重点目标的视频图像信息保存期限不应少于 90d；视频图像信息宜与相关音频信息同步记录、同步回放。检验方法为：检查视频存储的方式、码流、存储格式、存储的路数，根据存储方式、存储格式、码流、存储路数计算每天所需的存储容量；单个或多个以不同用户对视频资源进行实时检索，查看回放检索到的资源，并导出相应的数据信息；根据每天所需的存储容量和配置容量，计算视频图像的保存期限；根据计算的保存期限，对存储视频图像按时间进行检索并回放，查看所需保存期限的历史图像；检查前端音频的设置，对音视频的记录文件进行回放，检查播放时的声音、动作、口型和延迟。

"9 系统管路功能"的检验要求为：系统应具有用户权限管路、操作与运行日志管理、设备管理和自我诊断等功能。检验方法为：对不同的用户进行权限设置、增加和删除用户；调取操作与运行日志；对相关数据进行导入、导出及界面配置。

此外，还需要对传输、切换调度功能、视频/音频分析功能、多摄像机协同功能、其他项目等 5 个检验项目进行检验。

9.4.4 条要求出入口控制系统的检验项目、检验要求及检验方法应符合新标准中表9.4.4 的要求。

其中"3 目标识别功能、4 出入控制功能、5 出入授权功能、8 自我保护措施、9 现场指示/通告功能、11 人员应急疏散功能"为必检项目。

"3 目标识别功能"的检验要求为：系统应采用编码识读和（或）生物特征识读方式，对目标进行识别；安全等级 3 和安全等级 4 的系统对目标识别时，不应采用只识读 PIN 的识别方式，应采用对编码载体信息凭证，和（或）模式特征信息凭证，和（或）载体凭证、特征凭证、PIN 组合的复合识别方式。检验方法为：检查采用的识读方式，核查相关产品的检测报告；根据系统设计的安全等级，对高安全等级的系统，检查系统采用的识读方式，分别验证只采用 PIN 识别和复合识别的有效性。

"4 出入控制功能"的检验要求为：各安全等级的出入口控制点，应具有对进入受控区的单向识读出入控制功能；安全等级为 2、3、4 级的出入口控制点，应支持对进入及离开受控区的双向出入控制功能；安全等级为 3、4 级的出入口控制点，应支持对出入目标的防重人、复合识别控制功能；安全等级为 4 级的出入口控制点，应支持多重识别控制、异地核准控制、防胁迫控制功能。检验方法为：对现场出入口控制点按竣工文件和安全等级进行识读的验证，检查访问控制功能。

"5 出入授权功能"的检验要求为：系统应能对不同目标出入各受控区的时间、出入控制方式等权限进行授权配置。检验方法为：对各受控区的时间、出入方式等权限进行不同的授权配置，配置后进行出入测试，检查与授权配置内容的一致性。

"8 自我保护措施"的检验要求为：系统应根据安全等级要求采用相应自我保护措施和配置，位于对于受控区、同权限受控区或高权限受控区域以外的部件应具有适当的防篡改/防撬/防拆保护措施，连接出入口控制系统部件的线缆、位于出入口对应受控区和同权限受控区和高权限受控区域外部的，应封闭保护，其保护结构的抗拉伸、抗弯折强度应不低于镀锌钢管。检验方法为：根据竣工文件和安全等级要求检查对不同受控区的权限配置；检查对管控区域外部件防篡改/防撬/防拆措施。

"9 现场指示/通告功能"的检验要求为：系统应能对目标的识读过程提供现场指示，当系统出现违规识读、出入口被非授权开启、故障、胁迫等状态和非法操作时，系统应能根据不同需要在现场和（或）监控中心发出可视和（或）可听的通告或警示。检验方法为：按照设计文件，通告非授权凭证进行识读、强行开启、胁迫码操作、非法密码操作，在现场、监控中心检查可视和（或）可听的通告或警示等，使用授权凭证进行识读后，查看相应的识读记录，包括记录的时间、地点、对象。

"11 人员应急疏散功能"的检验要求为：系统不应禁止由其他紧急系统（如火灾等）授权自由出入的功能，系统必须满足紧急逃生时人员疏散的相关要求，当通向疏散通道方向为防护面时，系统必须与火灾报警系统及其他紧急疏散系统联动，当发生火警或需要紧急疏散时，人员不用识读应能迅速安全通过。检验方法为：检查系统的应急开启方式，对设置的应急开启的开关或按键，验证操作后开启部分/全部出入口功能，与消防系统联动后，当触动消防报警时，验证开启相应出入口功能。

此外，还需要对安全等级、受控区、出入口状态监测功能、登录信息安全、信息记录功能、一卡通用功能、其他项目等 7 个检验项目进行检验。

9.4.5 条要求停车库（场）安全管理系统的检验项目、检验要求及检验方法应符合新标准中表 9.4.5 的要求。

其中"1 出入口车辆识别功能、2 挡车/阻车功能、4 车辆保护（防砸车）功能、5 库（场）内部安全管理、6 指示/通告功能"为必检项目。

"1 出入口车辆识别功能"的检验要求为：系统应根据竣工文件对出入停车库（场）的车辆以编码凭证和（或）车牌识别方式进行识别；高风险目标区域的车辆出入口可具有人员识别、车底检查等功能。检验方法为：检查采用的车辆识别方式，验证编码凭证和（或）车牌识别，查看识别的信息的准确性；对设置的出票/验票装置，查看出/验票信息的准确性；对车辆识别，验证对车牌进行自动抓拍和识别功能；检查对高风险目标区域的配置，具有人员识别和车底检查的功能时，检查人员识别功能和车底检查图像的清晰辨别性。

"2 挡车/阻车功能"的检验要求为：系统设置的电动栏杆机等挡车指示设备应满足通行流量、通行车型（大小）的要求；电控阻车设备应满足高风险目标区域的阻车能力要求。检验方法为：核查电动栏杆机等挡车指示设备的产品检测报告，检查起/落杆操作自动和手动实现功能，测量设置的电动栏杆机的起/落杆速度、通行宽度、高度；核查电控阻车设备的产品检测报告，检测阻车设备的自动/手动控制功能和阻车强度，测量开启速度。

"4 车辆保护（防砸车）功能"的检验要求为：系统挡车/阻车设备应有对正常通行车辆的保护措施，宜与地感线圈探测等设备配合使用。检验方法为：检查对起杆但未通行车辆的辨别，验证进行落杆或者落杆未触及车辆又自动抬起功能。

"5 库（场）内部安全管理"的检验要求为：库（场）内部设置的紧急报警、视频监控、电子巡查等技防设施应符合竣工文件要求，封闭式地下车库等部位应有足够的照明设施。检验方法为：检查库（场）内部的紧急报警、视频监控、电子巡查等设施的配置位置、数量，其功能与性能按照相关子系统进行检验；检查封闭式地下车库等部位的照明设置配置，测量地下车库照度。

"6 指示/通告功能"的检验要求为：系统应能对车辆的识读过程提供现场指示，当系统出现违规识读、出入口被非授权开启、故障等状态和非法操作时，系统应能根据不同需要向现场、监控中心发出可视和（或）可听的通告或警示。检验方法为：使用非授权编码/车牌识读、强行开启、非法操作后，在现场、监控中心查看可视和（或）可听的通告或警示，使用授权编码/车牌进行识读后，查看相应的识读记录，包括记录的时间、地点、对象。

此外，还需要对行车疏导（车位引导）功能、管理集成功能、其他项目等 3 个检验项目进行检验。

9.4.6 条要求防爆安全检查系统的检验项目、检验要求及检验方法应符合新标准中表 9.4.6 的要求。

其中"2 设备要求、3X 射线剂量、4 信息存储时间、6 安全检查区视频监控要求"为必检项目。

"2 设备要求"的检验要求为：系统所用安检设备应符合相关产品技术要求的规定，系统的探测率、误报率及人员、物品和车辆的通告率（检查速度）应满足国家现行相关标准的要求。检验方法为：核查安检设备产品检测报告中的探测率、误报率和人员、物品和车辆的通过率。

"3X 射线剂量"的检验要求为：X 射线安全检查设备的单次检查剂量不应大于 $5\mu Gy$，在距设备外表面 5cm 的任意处（包括设备的入口、出口处），X 射线泄露剂量率应小于 $5\mu Gy/h$。检验方法为：将测试设备通过 X 射线安检设备 10 次，测试设备累计显示总检查剂量，平均后计算单次剂量是否符合要求；距离 X 射线安检设备外表面 5cm 测量前、后、左、右、上、下各处的射线剂量，记录最大值。

"4 信息存储时间"的检验要求为：安检信息存储时间应大于或等于 90d。检验方法为：对安检过程所存储的图片、操作记录等信息进行查询，检查存储信息的准确性，根据存储容量和图片、记录信息计算和核对存储时间。

"6 安全检查区视频监控要求"的检验要求为：安全检查区应设置视频监控装置，实时监视安检现场情况，监视和回放图像应能清晰显示安全检查区人员聚集情况、清晰辨别被检人员的面部特征、清晰显示放置和拿取被检物品等活动情况。检验方法为：检查安全检查区的视频监控装置的配置，检查监视图像清晰显示人员聚集、人员面部特征、被检物品等情况；图像质量按视频监控系统的检验进行。

此外，还需要对安全检查设置、安全检查区设置、其他项目等 3 个检验项目进行检验。

9.4.7 条要求楼寓对讲系统的检验项目、检验要求及检验方法应符合新标准中表 9.4.7 的要求。

其中"1 对讲功能、2 可视功能、3 开锁功能、5 告警功能"为必检项目。

"1 对讲功能"的检验要求为：访客呼叫机与用户接收机之间、多台管理机之间、管理机与访客呼叫机之间、管理机与用户接收机之间应具有双向对讲功能，系统应限制通话时长以避免信道被长时间占用。检验方法为：分别进行双向语音对讲操作，验证其功能，测试通话时长，检查通话语音的质量。

"2 可视功能"的检验要求为：具有可视功能的用户接收机应能显示由访客呼叫机采集的视频图像，视频采集装置应具有自动补光功能。检验方法为：访客呼叫机呼叫用户接收机，检查在接收机端显示访客机采集的视频图像，并采用测试卡对图像的分辨力、灰度、色彩还原度进行测试；检查自动补光功能。

"3 开锁功能"的检验要求为：应能通过用户接收机手动控制开启受控门体的电锁，应能通过访客呼叫机让有权限的用户直接开锁，应根据安全管理的实际需要，选择是否允许通过管理机控制开启电锁。检验方法为：对用户接收机手动开锁操作，检查受控门体的状态；采用授权识读装置访问访客呼叫机，检查开锁状态；验证通过管理机远程选择控制开启相应电锁。

"5 告警功能"的检验要求为：当系统受控门开启时间超过预设时长、访客呼叫机防拆开关被触发时，应有现场告警提示信息，具有高安全需求的系统还应向管理中心发送告警信息。检验方法为：打开受控门超过设定的时长，检查现场发出的告警提示，在管理中心查看收到的告警信息；打开访客呼叫机的面板，检查现场发出的告警提示，在管理中心查看收到的告警信息；检查告警信息的发送情况。

此外，需要对防窃听功能、系统管理功能、报警控制及管理功能、无线扩展终端功能、系统安全、其他项目等 6 个检验项目进行检验。

9.4.8 条要求电子巡查系统的检验项目、检验要求及检验方法应符合新标准中表 9.4.8 的要求。

其中"1 巡查线路设置、2 巡查报警设置、3 巡查状态监测功能"为必检项目。

"1 巡查线路设置"的检验要求为：应能对巡查轨迹、时间、巡查人员进行设置，应能设置多条并发线路。检验方法：根据巡查点的点位设置多条巡查路线，并设置多条并发路线，检查设置内容的正确性，包括时间、巡查人员和巡查点选择等。

"2 巡查报警设置"的检验要求为：应能设置巡查异常报警规则。检验方法为：对不同的巡查路线设置不同的报警规则，验证按报警规则巡查的报警情况，查看报警内容与设定报警规则的一致性。

"3 巡查状态监测功能"的检验要求为：应能在预先设定的在线巡查路线中，对人员的巡查活动状态进行监督和记录，应能在发生意外情况时及时报警。检验方法为：按照巡查路线进行巡查，检查对巡查的轨迹、时间、地点、巡查人等的信息记录；检查对巡查活动是否准时和遵守顺序等状态的在线显示、记录；根据设置的报警规则，当出现偏离巡查路线和未按设定时间巡查等情况时，检查发出的报警和报警内容。

此外，还需要对统计报表功能、其他项目等 2 个检验项目进行检验。

（5）安全性、电磁兼容性、防雷与接地检验部分

9.5.1 条要求安全性检验项目、检验要求及检验方法应符合新标准中表 9.5.1 的要求。

其中"1 设备安全性、5 监控中心辐射限值"为必检项目。还需要对"2 信息安全措施、3 系统防破坏能力、4 易燃易爆安全要求"等 3 个检验项目进行检验。

9.5.2 条要求电磁兼容性检验项目、检验要求及检验方法应符合新标准中表 9.5.2 的要求。

其中"1 主要设备电磁兼容性、4 监控中心防静电"为必检项目。还需要对"2 传输线路抗干扰设置、3 防电磁骚扰措施"等 2 个检验项目进行检验。

9.5.3 条要求防雷与接地检验项目、检验要求及检验方法应符合新标准中表 9.5.3 的要求。表中只有"1 防雷与接地"1 项检验项目，为必检项目。

（6）供电与信号传输检验部分

9.6.1 条要求供电检验项目、检验要求及检验方法应符合新标准中表 9.6.1 的要求。

其中"3 主、备电源转换"为必检项目，还需要对"1 备用电源、2 电源质量、4 配电箱"等 3 个检验项目进行检验。

9.6.2 条要求信号传输检验项目、检验要求及检验方法应符合新标准中表 9.6.2 的要求。

其中"2 传输线缆、3 线缆敷设"为必检项目，还需要对"1 传输方式"检验项目进行检验。

（7）监控中心与设备安装检验部分

9.7.1 条要求监控中心检验项目、检验要求及检验方法应符合新标准中表 9.7.1 的要求。

其中"2 监控中心的自身防护"为必检项目，还需要对"1 监控中心的位置与布局、3 监控中心的环境、4 监控中心的设备布局"等 3 个检验项目进行检验。

9.7.2 条要求设备安装检验项目、检验要求及检验方法应符合新标准中表 9.7.2 的要求。

共有"1 入侵和紧急报警设备安全、2 视频监控设备安全、3 出入口设备安全、4 停车库（场）安全管理设备安全、5 楼寓对讲设备安全、6 电子巡查设备安全、7 防爆安全检查设备、8 监控中心设备安全"8 个检验项目，无必检项目。

2.7.2　工程验收部分

（1）验收组织部分

10.1.1 条要求安全防范工程竣工后，应由建设单位会同相关部门组织验收。

10.1.2 条要求工程验收时，应组成工程验收组。工程验收组可根据实际情况下设施工验收组、技术验收组和资料审查组。

10.1.3 条要求建设单位应根据项目的性质、特点和管理要求与相关部门协商确定验收组成员，并由验收组推荐组长。

10.1.4 条要求验收组中技术专家的人数不应低于验收组总人数的 50%，不利于验收公正性的人员不得参加工程验收组。

10.1.5 条要求验收组应对工程质量做出客观、公正的验收结论。验收结论分为通过、基本通过、不通过。验收通过的工程，验收组可在验收结论中提出建议或整改意见；验收

基本通过或不通过的工程，验收组应在验收结论中明确指出发现的问题和整改要求。

（2）施工验收部分

10.2.1 条要求施工验收应依据设计任务书、深化设计文件、工程合同等竣工文件及国家现行有关标准，按新标准中表 10.2.1 列出的检查项目进行现场检查，并做好记录。

记录时，应注意：

①对每一项检查项目的抽查比例由验收组根据工程性质、规模大小等决定。

②在检查结果栏选符合实际情况的空格内打"√"，并作为统计数。

③检查结果：K_s（合格率）＝（合格数＋基本合格数×0.6）/项目检查数（项目检查数如无要求或实际缺项未检查的不计在内）。

④验收结论：K_s（合格率）≥0.8 判为通过；0.8＞K_s（合格率）≥0.6 判为基本通过；K_s（合格率）＜0.6 判为不通过，必要时做简要说明。

10.2.2 条要求隐蔽工程的施工验收均应复核随工验收单或监理报告。

10.2.3 条要求施工验收应根据检查记录，按照新标准中表 10.2.1 规定的计算方法统计合格率，给出施工质量验收通过、基本通过或不通过的结论。

（3）技术验收部分

10.3.1 条要求技术验收应依据设计任务书、深化设计文件、工程合同等竣工文件和国家现行有关标准，按照新标准中表 10.3.1 列出的检查项目进行现场检查或复核工程检验报告，并做好记录。

其中"基本要求中的系统主要技术性能，入侵和紧急报警中的探测、防拆、设置、操作，视频监控中的图像质量、信息存储时间，出入口控制中的目标识别、出入控制和应急疏散，停车库（场）的出入控制、车辆识别，防爆安全检查中的防爆安全检查，楼寓对讲（访客对讲）中的双向对讲、可视、开锁，集成与联网中的安全防范管理平台，监控中心中的自身防护"为重点项目。

在记录时，要注意：

在检查结果栏选符合实际情况的空格内打"√"，并作为统计数。

检查结果：K_j（合格率）＝（合格数＋基本合格数×0.6）/项目检查数（项目检查数如无要求或实际缺项未检查的，不计在内）。

验收结论：K_j（合格率）≥0.8 判为通过；0.8＞K_j（合格率）≥0.6 判为基本通过；K_j（合格率）＜0.6 判为不通过。

重点项目，检查结果只要有一项不合格的，则 K_j（合格率）＜0.6。

10.3.2 条要求系统主要技术性能指标应根据设计任务书、深化设计文件和工程合同等文件确定，并在逐项检查中进行复核。

10.3.3 条要求设备配置的检查应包括设备数量、型号及安装部位的检查。

10.3.4 条明确了主要安防产品的质量证明的检查应包括产品检测报告、认证证书等文件的有效性。

10.3.5 条要求系统供电的检查应包括系统主电源形式及供电模式。当配置备用电源时，应检查备用电源的自动切换功能和应急供电时间。

10.3.6 条列出了实体防护系统应重点检查的内容：①应检查周界实体防护、建（构）筑物和实体装置的设置；②对于实体防护设备的外露部分，应查验现场实物与设计文件的一致性；对于隐蔽部分，应查验隐蔽工程随工验收单；③应检查出入口实体屏障、车辆实体屏障的限制、阻挡等功能；④应检查安防照明的覆盖范围和警示标志的设置。

10.3.7 条列出了入侵和紧急报警系统应重点检查的内容：①应检查系统的探测、防拆、设置、操作等功能；探测功能的检查应包括对入侵探测器的安装位置、角度、探测范围等；②应检查入侵探测器、紧急报警装置的报警响应时间；③当有声音和（或）图像复核要求时，应检查现场声音和（或）图像与报警事件的对应关系、采集范围和效果；④当有联动要求时，应检查预设的联动要求与联动执行情况。

10.3.8 条列出了视频监控系统应重点检查的内容：①应检查系统的采集、监视、远程控制、记录与回放功能；②应检查系统的图像质量、信息存储时间等；③当系统具有视频/音频智能分析功能时，应检查智能分析功能的实际效果；④应检查用户权限管理、操作与运行日志管理、设备管理等管理功能。

10.3.9 条列出了出入口控制系统应重点检查的内容：①应检查系统的识读方式、受控区划分、出入权限设置与执行机构的控制等功能；②应检查系统（包括相关部件或线缆）采取的自我保护措施和配置，并与系统的安全等级相适应；③应根据建筑物消防要求，现场模拟发生火警或需紧急疏散，检查系统的应急疏散功能。

10.3.10 条列出了停车库（场）安全管理系统应重点检查的内容：①应检查出入控制、车辆识别、行车疏导（车位引导）等功能；②应检查停车库（场）内部紧急报警、视频监控、电子巡查等安全防范措施。

10.3.11 条列出了防爆安全检查系统应重点检查的内容：①应检查防爆安全检查系统的功能和性能；②应检查防爆处置、防护设施的设置情况；③应检查安检区视频监控装置的监视和回放图像质量。

10.3.12 条列出了楼寓对讲（访客对讲）系统应重点检查的内容：①应检查双向对讲、可视、开锁等功能；②有管理机的系统，应检查设备管理和权限管理等功能；③应检查无线扩展终端、远程控制的安全管控措施。

10.3.13 条列出了电子巡查系统应检查巡查线路设置、报警设置、统计报表等功能。

10.3.14 条列出了集成与联网应重点检查的内容：①应检查系统架构、集成联网方式、存储管理模式、边界安全管控措施等；②应检查重要软硬件及关键路由的冗余设置；③应检查安全防范管理平台软件功能。

10.3.15 条列出了监控中心应重点检查的内容：①应检查监控中心的选址、功能区划分和设备的布局；②应检查监控中心的通信手段、紧急报警、视频监控、出入口控制和实体防护等自身防护措施；③应检查监控中心的温湿度、照度、噪声、地面等环境情况。

10.3.16 条要求根据检查记录，按照新标准中表 10.3.1 规定的计算方法统计合格率，并给出技术验收通过、基本通过或不通过的结论。

（4）资料审查部分

10.4.1 条要求按新标准中表 10.4.1 所列项目与要求，审查竣工文件的规范性、完整性、准确性，并做好记录。

记录时：①审查情况栏内分别根据规范性、完整性、准确性要求，选择符合实际情况的空格内打"√"，并作为统计数；②未经检验机构检验的工程，第 17 项可以省略；③审查结果：K_z（合格率）=（合格数＋基本合格数×0.6）/项目审查数，（项目审查数如不作为要求的，不计在内）；④审查结论：K_z（合格率）$\geqslant 0.8$ 判为通过；$0.8 > K_z$（合格率）$\geqslant 0.6$ 判为基本通过；K_z（合格率）< 0.6 判为不通过。

10.4.2 条要求根据审查记录，按照表 10.4.1 规定的计算方法统计合格率，并给出资料审查通过、基本通过或不通过的结论。

（5）验收结论部分

10.5.1 条明确了安全防范工程的施工验收结果 K_s、技术验收结果 K_j、资料审查结果 K_z 均大于或等于 0.8 的，应判定为验收通过。

10.5.2 条明确了安全防范工程的施工验收结果 K_s、技术验收结果 K_j、资料审查结果 K_z 均大于或等于 0.6，且 K_s、K_j、K_z 中出现一项小于 0.8 的，应判定为验收基本通过。

10.5.3 条明确了安全防范工程的施工验收结果 K_s、技术验收结果 K_j、资料审查结果 K_z 中出现一项小于 0.6 的，应判定为验收不通过。

10.5.4 条要求工程验收组应将验收通过、基本通过或不通过的验收结论填写于验收结论汇总表（新标准中表 10.5.4），并对验收中存在的主要问题提出建议与要求。

10.5.5 条要求验收不通过的工程不得正式交付使用。施工单位、设计单位、建设（使用）单位等应根据验收组提出的意见与要求，落实整改措施后方可再次组织验收；工程复验时，对原不通过部分的抽样比例应加倍。

10.5.6 条要求验收通过或基本通过的工程，施工单位、设计单位、建设（使用）单位等应根据验收组提出的建议与要求，落实整改措施。施工单位、设计单位的整改落实后应提交书面报告并经建设（使用）单位确认。

第 8 节　《民用建筑太阳能热水系统应用技术标准》
GB 50364—2018（节选）

新版标准修订的主要技术内容是：

1. 调整和补充了太阳能热水系统设计、安装和工程验收及建筑设计的章节及技术内容；

2. 增加了太阳能热水系统使用与维护、节能环保效益分析章节；

3. 增加了部分主要城市太阳能资源数据、太阳能集热器年平均集热效率计算方法、部分代表城市不同倾角和方位角的太阳能集热器总面积补偿比及太阳能集热器的结构计算方法等资料。

本标准的主要内容是：1 总则；2 术语；3 基本规定；4 建筑设计；5 太阳能热水系统设计；6 太阳能热水系统安装；7 太阳能热水系统调试与验收；8 太阳能热水系统的运行与维护；9 节能环保效益评估。

本节着重对新版标准中：6 太阳能热水系统安装、7 太阳能热水系统调试与验收，进行解释与阐述。

2.8.1　太阳能热水系统安装部分

（1）一般规定部分

6.1.1 条规定太阳能热水系统的安装应符合系统设计要求。不应损坏建筑物的结构；不应影响建筑物在设计使用年限内承受各种荷载的能力；不应破坏屋面防水层和建筑物的附属设施。

6.1.2 条要求太阳能热水系统的安装应单独编制施工组织设计，应包括与主体结构施工、设备安装、装饰装修等交叉作业协调配合方案及安全措施等内容。

6.1.3 条列出了太阳能热水系统安装前应具备的条件：①设计文件齐备，且已审查通过；②施工组织设计及施工方案已经批准；③施工场地符合施工组织设计要求；④现场水、电、场地、道路等施工准备条件能满足正常施工需要；⑤预留基座、孔洞、预埋件和设施符合设计要求，并已验收合格；⑥既有建筑改造项目中应有经结构复核或法定检测机构同意安装太阳能热水系统的鉴定文件。

6.1.4 条要求进场安装的太阳能热水系统产品、配件、材料及性能、色彩等应符合设计要求，且有产品合格证。

6.1.5 条要求当安装太阳能热水系统时，应对已完成工程的部位采取保护措施。

6.1.6 条要求太阳能热水系统在安装过程中，产品和物件的存放、搬运、吊装不应碰撞和损坏；半成品应妥善保护。

6.1.7 条要求分散供热水系统的安装不得影响其他住户的使用功能要求。

（2）基座部分

6.2.1 条要求太阳能热水系统基座应与建筑主体结构连接牢固。

6.2.2 条明确了预埋件与基座之间的空隙，应采用细石混凝土填捣密实。

6.2.3 条规定在屋面结构层上现场施工的基座完成后，应做防水处理，并应符合现行国家标准《屋面工程质量验收规范》GB 50207 的规定。

6.2.4 条要求采用预制的集热器支架基座应摆放平稳、整齐，并应与建筑连接牢固，且不应破坏屋面防水层。

6.2.5 条要求钢基座及混凝土基座顶面的预埋件，在太阳能热水系统安装前应涂防腐涂料，安装中应及时涂刷并妥善保护。防腐施工应符合现行国家标准《建筑防腐蚀工程施工规范》GB 50212 和《建筑防腐蚀工程施工质量验收标准》GB/T 50224 的规定。

（3）支架部分

6.3.1 条要求太阳能热水系统的支架及其材料应符合设计要求。钢结构支架的焊接应符合现行国家标准《钢结构工程施工质量验收标准》GB 50205 的规定。

6.3.2 条规定支架应按设计要求安装在承重基座上，位置准确，与承重基座固定牢靠，并应设置检修通道。

6.3.3 条要求支架应根据现场条件采取抗风措施。其抗风能力应达到设计要求。

6.3.4 条要求支承太阳能热水系统的钢结构支架应与建筑物接地系统可靠连接。

6.3.5 条要求钢结构支架焊接完毕，应做防腐处理。防腐施工应符合现行国家标准《建筑防腐蚀工程施工规范》GB 50212 和《建筑防腐蚀工程施工质量验收标准》GB/T 50224 的规定。

（4）集热器部分

6.4.1 条规定集热器阵列安装的方位角、倾角和间距应符合设计要求，安装倾角误差为±3°。集热器应与建筑主体结构或集热器支架牢靠固定，防止滑脱。

6.4.2 条规定集热器间的连接方式应符合设计要求，且密封可靠，无泄漏，无扭曲变形。

6.4.3 条要求集热器之间非焊接方式连接的连接件，应便于拆卸或更换。

6.4.4 条要求集热器连接完毕，应进行检漏试验，检漏试验应符合设计要求与本标准第 6.9 节的规定。

6.4.5 条要求集热器之间连接管的保温应在检漏试验合格后进行。保温材料及其厚度应符合现行国家标准《建筑给水排水及采暖工程施工质量验收规范》GB 50242 的规定。

（5）贮热水箱部分

6.5.1 条要求贮热水箱应与底座固定牢靠，底座基础应符合设计要求，无沉降与局部变形。

6.5.2 条规定用于制作贮热水箱的材质、规格应符合设计要求。

6.5.3 条规定钢板焊接的贮热水箱，水箱内外壁均应按设计要求做防腐处理。内壁防腐材料应卫生、无毒，并应能承受所贮存热水的最高温度。

6.5.4 条要求贮热水箱的内箱应做接地处理，接地应符合现行国家标准《电气装置安装工程　接地装置施工及验收规范》GB 50169 的规定。

6.5.5 条要求贮热水箱应进行检漏试验，试验方法应符合设计要求和本标准第 6.9 节的规定。

6.5.6 条要求现场制作的贮热水箱，保温应在检漏试验合格后进行。水箱保温应符合现行国家标准《工业设备及管道绝热工程施工质量验收标准》GB/T 50185 的规定。

6.5.7 条要求室内贮热水箱四周应留有管路与设备安装与检修所需的必要空间。

（6）管路部分

6.6.1 条要求太阳能热水系统的管路安装应符合现行国家标准《建筑给水排水及采暖工程施工质量验收规范》GB 50242 的规定。管路及配件的材料应与设计要求一致，并与传热工质相容，直线段过长的管路应按设计要求设置补偿器。

6.6.2 条规定水泵安装应符合制造商要求，并应符合现行国家标准《风机、压缩机、泵安装工程施工及验收规范》GB 50275 的有关规定。水泵周围应留有检修空间，前后应设置截止阀，并应做好接地防护。功率较大的泵进出口宜设置减振喉，水泵与基础之间应按设计要求设置减振垫等隔振措施。

6.6.3 条要求安装在室外的水泵，应采取妥当的防雨保护措施。严寒地区和寒冷地区应采取防冻措施。

6.6.4 条要求电磁阀、电动阀应水平安装，阀前应加装细网过滤器，电磁阀与电动阀前后及旁通管应设置截止阀。

6.6.5 条要求水泵、电磁阀、电动阀及其他阀门的安装方向应正确，并应便于更换。过压及过热保护的阀门泄压口安装方向应正确，保证安全并设置符合设计要求的硬管引流，工质为防冻液的系统应设置防冻液收集措施。

6.6.6 条要求承压管路与设备应做水压试验；非承压管路和设备应做灌水试验。试验方法应符合设计要求和本标准第 6.9 节的规定。

6.6.7 条要求管路保温应在水压试验合格后进行，保温应符合现行国家标准《建筑给水排水及采暖工程施工质量验收规范》GB 50242 的规定。

6.6.8 条要求严寒和寒冷地区以水为工质的室外管路，应采取防冻措施。

（7）辅助能源加热设备部分

6.7.1 条要求直接加热的电加热管的安装应符合现行国家标准《建筑电气工程施工质

量验收规范》GB 50303 的规定。

6.7.2 条要求供热锅炉及其他辅助设备的安装应符合现行国家标准《建筑给水排水及采暖工程施工质量验收规范》GB 50242 的规定。

（8）电气与控制系统部分

6.8.1 条要求电缆线路施工应符合现行国家标准《电气装置安装工程　电缆线路施工及验收规范》GB 50168 的规定。

6.8.2 条要求其他电气设施的安装应符合现行国家标准《建筑电气工程施工质量验收规范》GB 50303 的相关规定。各类盘、柜应按说明书中要求放置在合适的环境，其安装应符合《电气装置安装工程　盘、柜及二次回路接线施工及验收规范》GB 50171 的规定。设备间应具备防潮和防高温蒸汽的相应措施。

6.8.3 条要求电气设备和与电气设备相连接的金属部件应做等电位连接。电气接地装置的施工应符合现行国家标准《电气装置安装工程　接地装置施工及验收规范》GB 50169 的规定。

6.8.4 条要求传感器的接线应牢固可靠，接触良好。传感器控制线应做防水处理。传感器安装应与被测部位良好接触，温度传感器四周应进行良好的保温并做好标识。

（9）水压试验与冲洗部分

6.9.1 条要求太阳能热水系统安装完毕后，在设备和管路保温之前，应进行水压试验。

6.9.2 条要求各种承压管路系统和设备应做水压试验，试验压力应符合设计要求。非承压管路系统和设备应做灌水试验。当设计未注明时，水压试验和灌水试验，应按现行国家标准《建筑给水排水及采暖工程施工质量验收规范》GB 50242 执行。

6.9.3 条要求当环境温度低于 5℃ 进行水压试验时，应采取可靠的防冻措施。

6.9.4 条明确了系统水压试验合格后，应对系统进行冲洗直至排出的水不浑浊为止。

2.8.2　太阳能热水系统调试与验收部分

（1）一般规定部分

7.1.1 条要求太阳能热水工程安装完毕投入使用前，应进行系统调试。系统调试应在竣工验收阶段进行。

7.1.2 条要求太阳能热水工程的系统调试，应由施工单位负责、监理单位监督、建设单位参与和配合。系统调试的实施单位可是施工企业本身或委托给有调试能力的其他单位。

7.1.3 条明确了太阳能热水系统工程的验收应分为分项工程验收和竣工验收。分项工程验收应由监理工程师（建设单位技术负责人）组织施工单位项目专业质量（技术）负责人等进行；竣工验收应由建设单位（项目）负责人组织施工、设计、监理等单位（项目）负责人进行。

7.1.4 条要求分项工程验收宜根据工程施工特点分期进行，对于影响工程安全和系统性能的工序，必须在本工序验收合格后才能进入下一道工序的施工。

7.1.5 条要求竣工验收应在工程移交用户前、分项工程验收合格后进行。

7.1.6 条要求太阳能热水工程施工质量的保修期限，自竣工验收合格日起计算为二年。在保修期内发生施工质量问题的，施工企业应履行保修职责，责任方承担相应的经济责任。

（2）分项工程验收部分

7.2.1 条明确了太阳能热水工程的分部、分项工程可按标准中表 7.2.1 划分。

7.2.2 条要求太阳能热水系统中的隐蔽工程，在隐蔽前应由施工单位通知监理单位进行验收，并应形成验收文件，验收合格后方可继续施工。

7.2.3 条列出了太阳能热水系统中的土建工程验收前，应在安装施工中完成的隐蔽项目的现场验收内容：①安装基础螺栓和预埋件；②基座、支架、集热器四周与主体结构的连接节点；③基座、支架、集热器四周与主体结构之间的封堵及防水；④太阳能热水系统与建筑物避雷系统的防雷连接节点或系统自身的接地装置安装。

7.2.4 条规定了太阳能集热器的安装方位角和倾角应满足设计要求，安装允许误差应在±3°以内。

7.2.5 条列出了太阳能热水工程的检验、检测应包括的主要内容：①压力管道、系统、设备及阀门的水压试验；②系统的冲洗及水质检测；③系统的热性能检测。

7.2.6 条要求太阳能热水系统管道的水压试验压力应为工作压力的 1.5 倍，工作压力应按设计要求。设计未注明时，开式太阳能集热系统应以系统顶点工作压力加 0.1MPa 进行水压试验；闭式太阳能集热系统和供热水系统应按现行国家标准《建筑给水排水及采暖工程施工质量验收规范》GB 50242 的规定执行。

（3）系统调试部分

7.3.1 条要求系统调试应包括设备单机、部件调试和系统联动调试。系统联动调试应按照设计要求的实际运行工况进行。联动调试完成后，应进行连续三天试运行，其中至少有一天为晴天。

7.3.2 条要求系统联动调试，应在设备单机、部件调试和试运转合格后进行。

7.3.3 条列出了设备单机、部件调试应包括的内容：①检查水泵安装方向；②检查电磁阀安装方向；③温度、温差、水位、流量等仪表显示正常；④电气控制系统应达到设计要求功能，动作准确；⑤剩余电流保护装置动作准确可靠；⑥防冻、防过热保护装置工作正常；⑦各种阀门开启灵活，密封严密；⑧辅助能源加热设备工作正常，加热能力达到设计要求。

7.3.4 条列出了系统联动调试应包括的内容：①调整水泵控制阀门；②调整系统各个分支回路的调节阀门，使各回路流量平衡，达到设计流量；③温度、温差、水位、时间等控制仪的控制区域或控制点应符合设计要求；④调试辅助热源加热设备与太阳能集热系统的工作切换，达到设计要求；⑤调整电磁阀初始参数，使其动作符合设计要求。

7.3.5 条列出了系统联动调试后的运行参数应符合的规定：①设计工况下太阳能集热系统的流量与设计值的偏差不应大于 10%；②设计工况下热水的流量、温度应符合设计要求；③设计工况下系统的工作压力应符合设计要求。

（4）竣工验收部分

7.4.1 条要求应建立太阳能热水系统的竣工验收责任制，组织竣工验收的建设单位（项目）负责人、承担竣工验收的施工、设计、监理单位（项目）负责人，对系统完成竣工验收交付用户使用后的正常运行负有相应的责任。

7.4.2 条列出了竣工验收应提交的验收资料：①设计变更证明文件和竣工图；②主要材料、设备、成品、半成品、仪表的出厂合格证明或检验资料；③屋面防水检漏记录；④隐蔽工程验收记录和中间验收记录；⑤系统水压试验记录；⑥系统生活热水水质检验记录；⑦系统调试及试运行记录；⑧系统热工性能检验记录。

7.4.3 条要求竣工验收时，系统热工性能检验的测试方法应符合现行国家标准《可再生能源建筑应用工程评价标准》GB/T 50801 的规定，质检机构应出具检测报告，并应作为工程通过竣工验收的必要条件。

7.4.4 条要求竣工验收时，太阳能集热系统效率和太阳能热水系统的太阳能保证率应满足设计要求，当设计无明确规定时，应满足标准中表 7.4.4 的要求。

7.4.5 条要求竣工验收时，太阳能供热水系统的供热水温度应满足设计要求；当设计无明确规定时，供热水温度不应小于 45℃，且不应大于 60℃。

第 9 节　《网络电视工程技术规范》GB/T 51252—2017（节选）

本规范共分 6 章和 1 个附录，主要技术内容包括：总则、术语和符号、总体技术要求、工程设计、施工要求、工程验收等。

本节着重对规范中 5 施工要求、6 工程验收，进行解释与阐述。

2.9.1　施工要求部分

（1）机房及环境要求部分

5.1.1 条要求设备安装地点应选择在便于维护管理和安装的专用机房内，机房的设计应符合国家现行标准《数据中心设计规范》GB 50174、《数据中心基础设施施工及验收规范》GB 50462、《通信建筑工程设计规范》YD 5003 的有关规定。

5.1.2 条规定机房室温宜为（23±2）℃，相对湿度宜为 55%±15%。

5.1.3 条要求机房内净高不宜小于 30m，机房楼板活荷载不宜小于 8kN/m²。

5.1.4 条要求网络电视系统设备应由不间断电源系统供电，不间断电源系统应有自动和手动旁路装置；当市电发生故障时，可选择油机作为备用电源。

5.1.5 条要求机房内地板或地面应有静电泄放措施和接地构造，防静电地板或地面的表面电阻或体积电阻应为 $2.5 \times 10^4 \Omega \sim 1.0 \times 10^9 \Omega$，并应具有防火、环保、耐污耐磨性能。

5.1.6 条要求机房内供电设计、照明设计和弱电设计应符合现行行业标准《通信建筑工程设计规范》YD 5003 的有关规定。

5.1.7 条要求机房内所有设备可导电金属外壳、各类金属管道、金属线槽、建筑物金属结构应进行等电位连接并接地。

5.1.8 条要求室外安装的安全防范系统设备应采取有防雷电保护措施，电源线、信号线应使用屏蔽电缆，避雷装置和电缆屏蔽层应采取接地措施，机房的防雷接地应符合现行行业标准《通信局（站）防雷与接地工程设计规范》YD 5098 的有关规定。

5.1.9 条要求机房的防火要求应符合国家现行标准《建筑设计防火规范》GB 50016 及《邮电建筑设计防火规范》YD 5002 的有关规定，机房宜设置洁净气体灭火系统，机房内不得存放易燃易爆等危险品。

5.1.10 条要求抗震措施应符合工程设计要求，并应符合现行行业标准《电信设备安装抗震设计规范》YD 5059 的有关规定。

5.1.11 条要求安全防范系统宜由视频安防监控系统、入侵报警系统和出入口控制系统组成，各系统之间应具备联动控制功能。

（2）安装要求部分

5.2.1 条要求电缆走道及槽道的位置、高度应符合工程设计文件要求。

5.2.2 条列出了电缆走道的安装应符合的规定：①电缆走道应平直，无明显起伏、扭曲和歪斜；②电缆走道与墙壁或机列应保持平行，每米水平误差不应大于 2mm；③吊挂安装应符合工程设计要求，并应垂直、整齐、牢固；④地面支柱安装应垂直稳固，垂直偏差不应大于 1.5‰；同一方向立柱应在同一条直线上；⑤电缆走道的侧旁支撑、终端加固角钢的安装应牢固、端正、平直；⑥沿墙水平电缆走道应与地面平行，沿墙垂直电缆走道应与地面垂直。

5.2.3 条要求槽道安装应平直、牢固，列槽道应成一直线，两槽并接处水平偏差不应大于 2mm。

5.2.4 条规定设备安装位置应符合工程设计要求。

5.2.5 条要求设备机架列间距应考虑工艺设备维护空间、用户安全隔离需求，还应根据机架装机功率密度的大小，合理选择列间距。

5.2.6 条规定设备机架安装的抗震加固措施应符合工程设计要求，并应符合现行行业标准《电信设备安装抗震设计规范》YD 5059 的有关规定，各直列上、下两端垂直倾斜误差不应大于 3mm。

5.2.7 条要求同列机架的设备面板应处于同一平面上，相邻机架的缝隙不应大于 3mm 并保持机柜门开合顺畅。

5.2.8 条要求所有紧固件应拧紧，同一类螺栓露出的长度应一致。

5.2.9 条要求地线与铁架连接应加弹簧垫片保证接触良好。

5.2.10 条要求机房线缆布放应采用上走线方式，线缆布放时应采用走线架，走线架应选择开放式线架，宜设置二层走线架。

5.2.11 条要求走线架应整体规划，整体走线架设施不应影响机房空调气流组织。走线架及走线槽道的安装设计应符合现行行业标准《电信机房铁架安装设计标准》YD/T 5026、《电信设备安装抗震设计规范》YD 5059 的有关规定。

5.2.12 条要求走线架、线槽和护管的弯曲半径不应小于线缆最小允许弯曲半径，敷设应符合现行国家标准《建筑电气工程施工质量验收规范》GB 50303 的有关规定。在活动地板下敷设时，电缆桥架或线槽底部不宜紧贴地面。

5.2.13 条要求机房内走线应减少交叉，布线应整齐；交、直流电源的电力电缆应分开布放；电力电缆与信号线缆应分开布放，间距不应小于 150mm。当必须交叉时，应采取隔离措施分开走线，保持地槽或走线架清洁、整齐、干燥。

5.2.14 条要求机房内布线绝缘不应小于 20MΩ。

5.2.15 条列出了电源线布放应符合下列规定：①各类电源电缆的规格、型号应符合工程设计要求；②采用的电力电缆，应是整条电缆料，不得中间接头；且电缆外皮应完整，芯线及金属护层对地的绝缘电阻应符合出厂要求；③电力电缆拐弯应圆滑均匀，铠装电缆的弯曲半径应大于或等于其直径的 12 倍，塑包电缆及其他软电缆的弯曲半径应大于电缆直径 6 倍；④当采用铜、铝汇流条馈电时，汇流条的截面积应符合设计要求，且表面应光洁平整，无锈蚀、裂纹和气泡；⑤设备电源引入线应利用自带的电源线；当设备电源线引入孔在机顶时，可沿机架顶上顺直成把布放，⑥当馈电母线为铜、铝汇流条时，设备电源引入线应从汇流条的背面引下，连接螺栓应从面板方向穿向背面，连接紧固正负引线和地线应顺直并拢；电缆两端应采用焊接或压接与铜接头可靠连接，并应在两端设置明确标志。

5.2.16 条列出了信号线及控制线布放应符合的规定：①线缆规格、型号、数量应符合工程设计要求；②布放线缆应有序、顺直、整齐，避免交叉纠缠；③线缆弯曲应均匀、圆滑一致，弯曲半径宜大于 60mm；④线缆两端应有明确标志。

5.2.17 条列出了接地线敷设应符合的规定：①接地引接线截面积应符合工程设计要求，宜使用热镀锌扁钢、多股铜芯电缆或铜条；②机房内应采用联合接地系统，保护地及电源工作地均应由室内同一接地系统引出；③机架接地线宜采用 $16mm^2$ 的多股铜线，机架内设备应就近由机架汇流排接地；④接地线布故宜短、直，多余导线应截断，所有连接应使用铜接头或连接器连接，铜接头应可靠压接或焊接。

5.2.18 条列出了光纤布放应符合的规定：①光纤的规格、程式应符合设计规定，技术指标应符合设计文件及技术规范书的要求；②光纤布放的路由走向应符合设计文件的规定；③光纤应布放在光纤专用槽道；④光纤在槽道内应顺直，不应扭绞；⑤槽道内光纤拐弯处的布放曲率半径不应小于 40mm；⑥光纤两端的预留长度应满足维护要求；盘放曲率半径不应小于 40mm，不应扭绞。

2.9.2　工程验收部分

（1）验收前准备部分

6.1.1 条要求工程应符合工程设计要求。

6.1.2 条要求机房的环境条件应符合施工要求。

6.1.3 条列出了设备通电检查应符合的规定：①电源系统成工作正常，符合工程设计要求；②设备输入电压应符合设备说明书技术要求。

6.1.4 条要求设备加电开机检查应按设备说明书技术要求步骤开机，并应用设备自备监视系统检查，设备应状态正常，各种辅助设备和告警装置应状态正常。

6.1.5 条要求已安装设备应符合的规定：①标志应齐全、正确；②各种零件、配件安装位置应正确，数量应齐全；③各种选择开关应按设备技术说明书置于指定位置；④各类保险的规格应符合设备技术说明书的要求；⑤设备接地应良好、可靠；⑥电源引入线极性应正确，连接应牢固可靠。

6.1.6 条要求初验前应完成相关竣工技术文件的编制。

（2）工程初验要求部分

6.2.1 条明确了在运行开通前，应进行用以检验主要系统和相关设备是否符合运转要求的初验。

6.2.2 条列出了初验项目应包括的项目内容，具体测试方法及测试指标应符合相关技术要求：①设备硬件检测；②节点容量测试；③门户导航功能及服务器性能测试；④媒体交付功能测试；⑤业务管理功能及服务器性能测试；⑥网络管理功能测试；⑦流媒体服务器性能测试；⑧安全、冗余测试。

6.2.3 条要求初验应在安装工艺和软件版本检查合格后进行。

6.2.4 条要求验收的计划和内容应依据规范制订，测试结果应符合设计要求。

6.2.5 条列出了设备硬件检测应包含的项目内容：①网络设备的检测；②服务器设备的检测；③存储设备的检测。

6.2.6 条列出了节点容量测试应包含的项目内容：①检验系统的业务容量；②检验系统的 License 许可数量。

6.2.7 条列出了应符合设计要求的门户导航主要功能：EPG 管理模板功能；EPG 模板分发功能；EPG 元数据分发功能；EPG 元数据实时处理功能；EPG 分组管理功能；EPG 数据采集功能；EPG 模板分发功能；EPG 请求调度功能；EPG 配置和管理功能；EPG 模板制作功能；EPG 发布功能；EPG 分组功能。

6.2.8 条列出了应符合设计要求的媒体交付主要功能：全局负载均衡功能；本地负载均衡功能；内容分发策略；内容分发方式，包括静态方式和动态方式；内容分发系统的管理功能；系统支持的编码格式；流协议的支持功能，包括 TCP、UDP、RTSP、TS、HTTP、FTP 协议等；内容存储的管理功能。

6.2.9 条列出了应符合设计要求的业务管理主要功能：用户属性、用户注册和用户维护等管理功能；CP（SP）的管理功能，包括 CP（SP）的注册，审核，修改和查询 CP（SP）信息等管理功能；针对业务运营商的管理功能；针对操作员的权限管理功能；直播业务的管理功能；点播业务的管理功能；时移业务的管理功能；计费相关的管理功能；账务管理功能；业务审核功能；业务发布功能；业务暂停、注销或移机等的处理功能；业务管理的统计功能。

6.2.10 条列出了网络管理功能测试应包含的项目内容：①测试对象，主要包含网管系统对网络电视系统内所有功能子系统及终端网元的管理测试功能；②测试范围，主要包含网元拓扑管理功能、网元状态测试功能、网元业务参数查询功能、网元参数配置功能、网元实时性能测试功能、异常情况告警功能、告警统计功能、统计报表功能、机顶盒版本管理功能和机顶盒资源管理功能等。

6.2.11 条列出了 EPG 服务器性能测试应包含的项目内容：①测试单台 EPG 服务器页面平均响应时间；②测试电台 EPG 服务器认证平均响应时间；③测试 EPG 服务器对业务数据的支持能力；④测试 EPG 服务器对终端的并发支持能力；⑤测试单台 EPG 服务器生成话单的支持能力。

6.2.12 条列出了流媒体服务器性能测试应包含的项目内容：①测试流媒体服务器对单文件点播并发的支持能力；②测试流媒体服务器对多文件点播并发的支持能力；③测试用户点播流媒体服务的成功率；④测试满载条件下点播业务响应时间；⑤测试直播转发的时延时长；⑥测试直播转发的内容准确率；⑦测试直播节目录制准确率；⑧测试直播节目录制过程执行时长；⑨在多业务并发情况下对上述性能测试项进行测试。

6.2.13 条规定安全测试应符合设计要求，并应通过模拟外网攻击测试网络电视系统在有网络攻击的情况下的功能和性能。

6.2.14 条列出了冗余测试应符合的设计要求：①对于有冗余的设备功能模块，应测试其主备自动倒换功能，发生倒换时应正常提供业务；②对于有冗余的系统节点，应测试系统节点间自动保护倒换功能，发生倒换时应正常提供业务；③对于网络中的主备链路，应测试主备链路自动倒换功能，发生倒换时应正常提供业务。

6.2.15 条要求工程初验前施工单位应向建设单位提交完整的竣工技术文件。竣工技术文件一式三份。

6.2.16 条列出了竣工技术文件应包括的内容：工程设计文件；开工报告；工程变更单及洽商记录；竣工图纸；已安装设备明细表；停（复）工报告；隐蔽工程随工验收签证和阶段验收报告；重大工程质量事故报告表；验收证书；竣工报告；其他相关记录、备考表；交接书。

6.2.17 条列出了竣工技术文件应符合的规定：①内容应齐全；②图纸、测试记录、随工质量记录应与实际相符，数据应准确；③文件外观应整洁，格式、文字应规范、清晰。

（3）试运转及竣工验收部分

6.3.1 条要求试运转阶段应从初验测试合格后开始，试运转时间可按订货合同规定的试运转期限执行，且不应少于三个月。

6.3.2 条列出了在系统试运转期间应观察的项目，并应做好记录，为竣工验收测试提供主要依据：①由于硬件原因造成系统故障的情况；②由于软件原因造成系统故障的情况；③冗余切换功能运行情况。

6.3.3 条要求试运转期间的主要指标和性能应达到工程设计文件及技术规范书中的规定。当主要指标不符合要求时，应在解决问题后，从次日开始重新试运转三个月；当对有关数据发生疑问时，经双方协商，可对有关数据重测，进行验证。

6.3.4 条要求工程竣工验收应在试运转符合要求后进行。

6.3.5 条列出了工程竣工验收内容应符合的规定：①各阶段测试应确认检查结果；②验收组认为必要项目应复验；③设备应清点核实；④对工程应进行评定和签收。

6.3.6 条要求对验收中发现的质量不合格项目，应由验收组查明原因，确认责任，提出处理意见。

6.3.7 条规定工程竣工后，应对施工质量进行综合考核。

第 10 节　《信息栏工程技术标准》JGJ/T 424—2017（节选）

新版标准的主要内容包括：1. 总则；2. 术语；3. 基本规定；4. 设置；5. 工程设计；6. 施工及验收；7. 维护保养及安全监测。本节着重对新标准中：6 施工及验收，进行解释与阐述。

（1）一般规定部分

6.1.1 条要求信息栏工程的施工应符合设计要求，并应符合国家现行相关施工及验收规范的规定。

6.1.2 条要求在既有建筑物上安装附建式信息栏时，应根据建筑结构的实际情况合理确定安装方法。

（2）混凝土基础施工部分

6.2.1 条要求混凝土配合比应根据原材料性能、设计和施工条件等要求确定，并应符合现行行业标准《普通混凝土配合比设计规程》JGJ 55 的规定。

6.2.2 条要求混凝土浇筑时应采用插入式振动器振实。冬季在混凝土浇筑前，应清除模板、钢筋上的冰雪和污垢，成型后应按冬季混凝土养护的规定进行养护。

6.2.3 条要求基础内柱脚锚栓的埋设应有固定措施，且应对锚栓的螺杆部分采取保护措施。

6.2.4 条要求用于结构（构件）混凝土抗压强度检验的试件，应在混凝土浇筑地点随机抽样制作，并以标准条件下养护 28d 龄期的抗压强度进行评定，抗压强度应符合现行国家标准《混凝土强度检验评定标准》GB/T 50107 的有关规定。

6.2.5 条要求受力预埋件的锚筋应采用 HRB335 级或 HRB400 级钢筋，应采用冷加工钢筋。锚板宜采用 Q235 钢，受力直锚筋不应少于 4 根，直锚筋与锚板应采用 T 形焊。

6.2.6 条要求基础施工完毕后应及时进行回填土施工。回填土应分层压实，压实系数不应小于 0.90。

（3）结构制作部分

6.3.1 条列出了信息栏工程金属结构制作应符合的规定：①主体金属结构或标准单元件的加工制作应在工厂内进行；②金属构件的焊接坡口、切口质量和焊接质量，应符合现行国家标准《钢结构焊接规范》GB 50661 的有关规定；③金属构件的断料、切割、制孔、组装的制作质量，应符合国家现行标准《钢结构工程施工质量验收标准》GB 50205、《铝合金结构工程施工规程》JGJ/T 216 的有关规定；④立柱、横梁等重要受力构件及对接焊缝的焊缝质量等级应按二级质量等级执行，其他构件的焊缝质量等级应按三级质量等级执行；⑤信息栏框架实测项目及允许偏差应符合标准中表 6.3.1 的规定。

6.3.2 条要求信息栏设置金属结构件表面防腐处理应符合的规定：①框架构件采用防腐涂料涂装时，构件各种底漆或防锈漆要求最低除锈等级应符合标准中表 6.3.2-1 的规定；②采用镀锌钢板制作的框架，其焊道、制孔及断料边缘部位，必须进行打磨和局部抛光除锈，并应在涂装前作补锌处理；③框架构件的表面防腐涂装，应在构件加工完成、检验合格后进行。表面防腐涂装后的构件再次加工时，应对加工面重新进行防腐处理；④构件在进入热浸镀锌之前，应对构件进行电解酸洗处理，使基体金属表面干净、光滑，不得有毛刺、满瘤和多余结块，并不得有过酸洗或露铁等缺陷；⑤框架采用镀锌和静电粉末喷涂作涂装时，其锌层及静电粉末喷涂涂层厚度，应符合标准中表 6.3.2-2 的规定。采用油漆涂装时，其底漆和面漆涂层的厚度，应符合标准中表 6.3.2-3 的规定；⑥涂层表面应光洁平整，涂层应均匀、无明显皱皮、流坠、气泡、针眼、色泽不均、脱皮和露底等现象。

（4）信息栏安装部分

6.4.1 条要求信息栏的安装位置应与现有管线保持安全距离，并应符合国家现行相关标准的规定。信息栏在安装前，必须做好对地上、地下管线的了解和保护工作。

6.4.2 条要求信息栏与 10kV 架空线路边线的垂直净距不应小于 3m，水平净距不应小于 2m，与低压导线或通信电缆净距不应小于 1.5m。

6.4.3 条要求信息栏设施安装时，应采取可靠的安全防范措施。高空作业应按现行行业标准《建筑施工高处作业安全技术规范》JGJ 80 执行。

6.4.4 条要求独立式信息栏金属结构安装时，应在基础混凝土达到设计强度后，方可进行上部结构件的吊装。构件吊装就位后，应及时安装支撑构件，保证结构的稳定。

6.4.5 条要求采用非常规起重设备、方法，或采用起重机械吊装，其单件起重量在 10kN 及以上，且起吊高度大于 20m 的吊装作业，应编制专项施工方案，并应组织专家论证。

6.4.6 条要求信息栏立柱现场焊缝质量应符合设计要求和本标准第 6.3.1 条的规定。构件焊接区表面潮湿或冰雪应清除干净，雨雪天气禁止露天施焊。风速大于或等于 8m/s（CO_2 气体保护焊风速大于 2m/s）时，焊接时应采取防风措施。

6.4.7 条要求信息栏工程结构采用钢结构高强度螺栓连接时应按现行国家标准《钢结构工程施工质量验收标准》GB 50205 执行。

6.4.8 条要求信息栏结构采用法兰盘连接形式，法兰盘接触面的紧合率不得低于 70%，且边缘最大间隙不得大于 1.0mm。

6.4.9 条列出了信息栏采用化学锚栓锚固应符合的规定：①应以普通混凝土作为化学锚栓锚固的基材，并且基材的混凝土强度等级不应低于 C20。结构抹灰层、砖砌体、轻质混凝土结构、装饰层等不得作为化学锚栓的锚固基材。②化学锚栓锚固胶的锚固性能应通过专门的试验确定。对获准使用的锚固胶，除说明书规定可以掺入定量的掺和剂（填料）外，现场施工中不宜随意增添掺料。③锚孔施工时应避开受力主筋，锚孔施工质量及锚栓锚固深度应符合产品的技术要求。对于废孔，应用化学锚固胶或高强度等级的树脂水泥砂浆填实。④化学锚栓植入锚孔后，应按照生产厂规定的养生要求进行固化养生。固化期间禁止扰动，且不得对螺杆扰动和对螺杆部位进行电焊。⑤化学锚栓安装后应按现行行业标准《混凝土结构后锚固技术规程》JGJ 145 的规定进行抗拉拔性能试验。

6.4.10 条要求信息栏结构梁、柱安装允许偏差应符合标准中表 6.4.10 的规定。

6.4.11 条列出了触摸屏（电子阅报屏、电子信息屏）的安装应符合的规定：①安装触摸屏的工作环境周围应空气畅通，且在主机的 1.0m 半径范围内应通风良好；②触摸屏安装时应与地面或墙面可靠固定，防止在使用过程中由于外力作用的倒伏和振动；③触摸屏的供电电源应做接地保护，且电源与信号源应接同一地线，室外的触摸屏安装时应设置接地装置。

6.4.12 条列出了 LED 显示屏信息栏的安装应符合的规定：①显示屏屏体的安装应根据现场实际情况确定安装方式。安装结构应采用钢构架或钢筋混凝土结构，且应预留维修空间。②显示屏屏体应安装在可靠、稳固、平整的专用钢构架或设置牢固的支持杆及悬挂装置上。③显示屏屏体安装前，应对显示屏的钢构架或建筑基础的结构进行验收，符合设计和本标准要求方可进行安装。④待安装的显示屏屏体表面应无擦伤，箱体及箱门无变形。⑤采用多个箱体组合的信息栏显示屏，各箱体应以螺栓或其他有效的措施在屏杆（或节点）上进行固定和紧固。⑥LED 显示屏屏体的安装精度应符合标准中表 6.4.12 的规定。⑦室外 LED 显示屏的箱体与箱体、屏体与建筑的结合部位应进行防水密封处理。

（5）电气及防雷施工部分

6.5.1 条要求信息栏的灯具、电器、配电箱及电线、电缆等的安装工程，应符合现行国家标准《建筑电气工程施工质量验收规范》GB 50303 的规定，接地装置的施工应符合现行国家标准《电气装置安装工程　接地装置施工及验收规范》GB 50169 的规定。

6.5.2 条要求埋地敷设的镀锌钢质保护套管的壁厚不应小于 2.5mm，埋深不宜小于 0.7m。明敷于建（构）筑物或构架表面的钢质护套管，应采用管卡或电焊与建（构）筑物或构架可靠固定。

6.5.3 条要求照明、配电线路的保护套管应采用管卡与构架可靠固定，管卡间的间距不应大于 1.5m。

6.5.4 条要求信息栏的防雷接地装置的施工应按设计要求进行。接地系统应形成等电位联结，并应符合现行国家标准《建筑物防雷工程施工与质量验收规范》GB 50601、《建筑物电子信息系统防雷技术规范》GB 50343 的有关规定。

（6）验收部分

6.6.1 条要求信息栏工程应由设置单位与设计、施工和监理单位共同进行竣工验收。在验收时应按本标准要求做好测试数据和验收意见的记录和签字确认。

6.6.2 条列出了信息栏工程施工验收应包括的内容：①独立式信息栏的基础及接地装置、附建式信息栏的锚固支座及隐蔽工程；②金属结构构件质量；③竣工验收。

6.6.3 条列出了竣工验收应符合的规定：①信息栏的混凝土基础施工质量应按现行国家标准《建筑地基基础工程施工质量验收标准》GB 50202 的规定执行；②信息栏金属结构工程的安装质量应按现行国家标准《钢结构工程施工质量验收标准》GB 50205，《铝合金结构工程施工质量验收规范》GB 50576 等规定执行；③信息栏电气工程的安装质量，应按现行国家标准《建筑电气工程施工质量验收规范》GB 50303、《电气装置安装工程接地装置施工及验收规范》GB 50169 的规定执行；④信息栏设施防雷装置的安装质量，应按现行国家标准《建筑物防雷工程施工与质量验收规范》GB 50601、《建筑物电子信息系统防雷技术规范》GB 50343 的规定执行。

6.6.4 条列出了施工验收应提交的文件：①信息栏竣工图和设计变更文件；②原材料、半成品、构配件的质量保证书、合格证书和复测试验报告；③结构构件制作验收资料；④结构施工验收资料；⑤基础等隐蔽工程项目验收资料；⑥显示屏性能指标和功能特性的验收资料；⑦电气、照明及防雷装置验收资料；⑧安装验收和质量评定资料；⑨监理单位出具的项目质量评估报告；⑩专家论证文件。

6.6.5 条要求验收资料及提交的文件应合并为信息栏的工程资料档案，由设置单位或政府委托的主管单位档案部门保存。

第 11 节 　《蓄能空调工程技术标准》JGJ 158—2018（节选）

《蓄能空调工程技术标准》为行业标准，编号为 JGJ 158—2018，自 2018 年 11 月 1 日起实施。本节主要对与设备质量员有关的设备调试、控制系统调试、系统调试和验收、系统检测等的相关条件做了介绍。

2.11.1 　一般规定

第 5.1.1 条 　蓄能空调系统调试与检测应在设备、管道、绝热、配套电气施工全部完成，且设备单机试运转完成后进行。

第 5.1.2 条 　蓄能空调系统的联合调试宜在最冷（热）月或与设计室外参数相近的条件下进行。当系统为冷热兼蓄时，应在冬季和夏季分别进行调试与检测。冬季进行测试时，系统应有可靠的防冻措施。

第 5.1.3 条 　系统调试完成后应提供书面报告。

2.11.2 　设备调试

第 5.2.1 条 　蓄能空调系统调试前，应进行冷热源主机、水泵、蓄冷（热）装置、换热器、冷却塔、末端空调系统等单体设备的试运行和调试。

第 5.2.2 条 　当蓄冰空调系统首次启动制冰循环前，应符合下列规定：

(1) 蓄冰空调系统所用载冷剂的性质及浓度应符合设计要求。

(2) 制冷机组应已完成制冰工况参数设定。

(3) 循环水泵应试运行完毕。

(4) 操作和安全控制器接线应正确。

(5) 蓄冰空调系统应有足够的负荷消耗冰槽内所有蓄冰量。

(6) 混凝土蓄冷槽初次使用时，槽内水温应逐渐降到设计参数。

(7) 蓄冰槽应已完成闭水试验，防水性能应合格。

(8) 蓄冰设备的水位、冰层厚度等传感器应调试完成且性能正常，并应完成其与自控系统的连接。

2.11.3 控制系统调试

第5.3.1条 控制系统调试前应符合下列规定：

(1) 系统设备已安装完毕，线路敷设和接线应符合设计要求。

(2) 系统的受控设备、子系统单体及自身系统的调试已结束，设备或子系统的测试数据应符合设计和工艺要求。

(3) 系统的调试环境和工业卫生条件（温度、湿度、防静电、电磁干扰等）应符合设备技术文件要求。

第5.3.2条 控制系统设备单体调试应符合下列规定：

(1) 设备的外观和安装状况应符合设计要求。

(2) 按控制器的要求应已完成运行可靠性测试。

(3) 控制系统的传感器应已校对，且应读数准确，工作正常。

(4) 控制器、输入输出组件和监控点元件的硬件、接线位置应与软件的地址、型号、状态一致，完成控制程序编写并下载到控制器中。

(5) 应使用计算机或现场测试仪器，对控制器和现场控制设备以手动控制方式，按设计要求测试模拟量、数字量的输入输出，并作记录。

(6) 现场网络通信系统应稳定可靠。

第5.3.3条 控制系统调试后应符合下列规定：

(1) 应具备与其他子系统的通信能力。

(2) 对蓄能系统内各类设备控制应安全、可靠。

(3) 应具备实时采集、记录并应保存设备、关键点运行数据的能力，并应方便导出。

(4) 应有历史记录存储容量和保存时间，应满足趋势分析要求。

(5) 应具备故障诊断和报警功能。

(6) 应具有良好的可扩展性和上下兼容性，在系统升级或有新设备接入后，能方便集成到控制系统中。

2.11.4 系统调试和验收

第5.4.1条 当兑制载冷剂时，宜选用蒸馏水、去离子水或冷凝水；水的总硬度应低于100mg/L，氯化物和硫酸盐的含量宜分别小于25mg/L。

第5.4.2条 载冷剂充灌应在系统冲洗和试压完毕后进行，充灌前管路及设备中的水和冲洗液应已排净、泄水阀关闭、排气阀开启。

第5.4.3条 载冷剂充注前宜进行水压试验和水溶液的试运行，并应确保整个系统运行正常。

第5.4.4条　当多台蓄冰装置并联时，应在首次制冰循环完成后，检查每个蓄冰槽中液位一致性，应调节冰槽入口阀门，使每个冰槽的流量均衡。

第5.4.5条　蓄能—释能周期的工况检测和验收应包括下列内容：

（1）系统的运行模式。

（2）冷热源主机、蓄能装置、水泵、阀门等的运行状态。

（3）载冷剂及空调供回水温度、流量及压力。

（4）冷热源主机、水泵等设备的耗电量、变频水泵运行频率。

第5.4.6条　制冷机组（热泵机组）单独供冷（热）工况调试和验收应符合下列规定：

（1）系统连续运行正常、平稳，水泵压力及电流无大幅波动，系统运行噪声应符合设计要求。

（2）各水系统压力、温度、流量应符合设计要求。

（3）当多台制冷机组（热泵机组）及冷却塔并联运行时，各机组及冷却塔的水流量与设计流量的偏差不应大于10%。

第5.4.7条　制冷机组蓄冷（热泵机组蓄热）及蓄能装置单独供冷（热）工况的调试和验收应符合下列规定：

（1）系统载冷剂的流量、压力、温度应符合设计要求。

（2）系统实际蓄冷（热）量和释冷（热）量应符合设计要求。

（3）系统的蓄冷（热）速率和释冷（热）速率应符合设计要求。

（4）系统在蓄冷（热）、释冷（热）过程中运行应正常、平稳，水泵压力及电流应无大幅波动，系统运行噪声应符合设计要求。

第5.4.8条　蓄能空调系统联合调试和验收应符合下列规定：

（1）单体设备及主要部件联动应符合设计要求，动作应协调、正确，无异常。

（2）各运行模式下系统运行应正常、平稳，运行参数应满足设计要求；各运行模式转换时动作应灵敏、正确。

（3）系统运行过程中管路应无泄漏及产生凝结水等现象。

（4）系统各保护动作反应应灵敏、动作应可靠。

（5）各自控计量、检测元件及执行机构应工作正常，对系统各项参数的反馈及动作应正确、及时。

2.11.5　系统检测

第5.5.1条　当载冷剂浓度检测及调整时，应开启载冷剂循环泵，并应从不同的泄水点取液进行相对密度检测。应根据浓度进行补液调整，且系统中载冷剂的浓度应达到设计要求。

第5.5.2条　蓄能空调系统联合调试前，应按设计要求对各运行模式进行试运行。试运行一个蓄能—释能周期结束后，应进行不少于两个蓄能—释能周期的工况测试。

第5.5.3条　蓄能空调系统在调试阶段应至少进行一个蓄能—释能周期的系统性能试验，蓄冰装置和制冷机组性能参数应按本标准附录D对相关数据进行检测和记录。

第5.5.4条　在调试阶段宜对槽体内外表面温度进行检测，并宜对槽体绝热层构造和厚度进行验算和核实。

第5.5.5条　对现场制作的蓄能槽防水层应进行24h漏水检测。

第3章 新材料、新设备

第1节 建筑电气工程中新材料和新设备

3.1.1 铜铝复合排、铜铝复合母线

铜铝复合排是一种以铝为基体，外层包覆铜的导体，俗称铜包铝排、铜包铝母线（Copper-clad aluminum bus bars）。目前主要执行的标准为《输配电设备用铜包铝母线》DL/T 247—2012 和《连铸轧制铜包铝扁棒、扁线》GB/T 30586—2014。

1. 主要优点

铜铝复合排出现的意义主要是为了降低铜材的消耗，为企业降低材料成本。电气性能相同的，其价格只有传统纯铜排的 50% 左右。在保证质量的前提下，可以为企业产生不菲的效益。其主要优点有：

（1）密度小，重量轻。铜包铝排密度只有纯铜排的 44%，可有效降低材料成本，物流费用也更低廉。

（2）电气性能良好，载流量为纯铜排的 86%。

（3）以铝节铜，是节能环保的绿色产品。

（4）具有良好的抗拉强度，可弯曲性和延伸率。

（5）表面与纯铜排无异，强度足，抗氧化，耐腐蚀。

2. 制造工艺

铜铝复合排、铜铝复合母线目前常见的制造工艺主要有包覆焊法、水平连轧连铸法和套管法三种。

包覆焊法的主要优点是能够进行连续地生产，但是由于其工艺的局限性（无法制造大规格的铜包铝母线），目前主要用于制造铜包铝线。此工艺代表厂家为南方欣达（目前已停止生产铜包铝排，重心转移至铜包铝线）。

水平连轧连铸法是由原先的浇铸法改进而来。浇铸法最先由苏州华铜复合材料有限公司与北京科技大学共同研究提出，其原理是通过向铜管中浇入铝水达到固液结合从而提升剪切强度。但是此方法因工艺复杂，易在浇入铝水时带入空气产生空鼓现象造成质量不稳定，成品率不高。最终苏州华铜复合材料有限公司改用了套管法制造铜包铝母线。与此同时，烟台孚信达双金属股份有限公司与北京科技大学展开合作，在浇铸法的基础上进行改进，从而获得了目前的水平连轧连铸法。此方法的最大特点是能够进行连续生产，大大降低了制造成本，而且成品的铜铝界面剪切强度高，通常能够达到 50~55MPa，产品通过了铜包铝母线 CCC 认证。成品通常窄边铜层偏厚，宽边铜层偏薄。

套管法目前的代表厂家主要有安徽英菲尼复合材料有限公司与苏州华铜复合材料有限公司两家公司。这两家公司也是目前行业内仅有的通过铜包铝母线 CCC 认证的企业。究其原因主要是因为套管法相对成熟的工艺，质量也比较稳定。

相比水平连轧连铸法，套管法制造的铜包铝母线铜铝界面剪切强度要低一些，通常在43MPa～48MPa之间，但是就标准的35MPa而言，也已经是大幅超过了。另外，套管法因使用的原材料是定制的铜管铝棒，所以其可生产近百种规格，并无大小的局限性，而且其成品的铜铝界面十分均匀，规格尺寸比较精准。套管法的主要缺点在于无法连续生产，造成人工成本上升，导致生产成本偏高。

综上所述，铜包铝母线制造行业，目前还未有十分完美的生产制造工艺。而现有的这些工艺，各自有各自的特点，并无十分明显的好坏，在选择铜包铝母线的时候，并不用过分关注使用何种工艺制造，应将着重点放在标准要求的硬性技术指标之上。只要检测数据符合标准，实验冲孔不分层、折弯不开裂，那便可放心使用。

3. 表达方式

铜铝复合排、铜铝复合母线由型式代号及其规格组成，其表达方式如图 3-1 所示。

图 3-1 铜铝复合排、铜铝复合母线的表达方式

4. 技术规格

（1）截面形状（图 3-2）

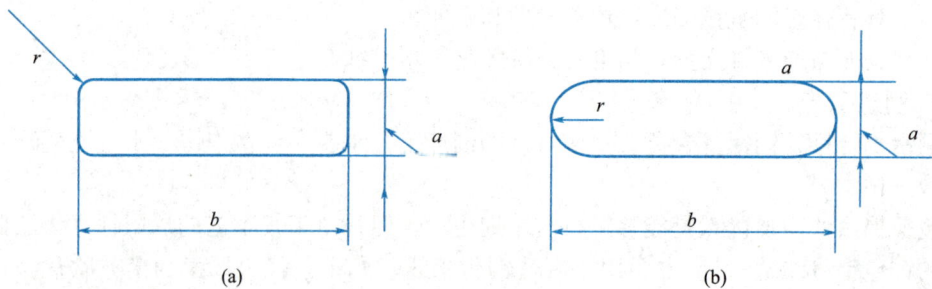

图 3-2 截面形状
(a) 圆角；(b) 全圆边

其中，a 为复合排（母线）的厚度，即窄边尺寸，单位为 mm；b 为复合排（母线）的宽度，即宽边尺寸，单位为 mm；r 为复合排（母线）的圆角半径，单位为 mm；全圆边的圆角半径 r 为厚度 a 的一半。

（2）材质

铜包铝母线的铜层材质应符合现行规范《加工铜及铜合金牌号和化学成分》GB/T 5231 的规定，含铜量不小于 99.90%。铝芯的材质应符合现行规范《重熔用铝锭》GB/T 1196 的规定，含铝量不小于 99.70%。

（3）铜层的体积比

铜包铝母线的铜层体积比为铜层的截面积与铜包铝母线的总截面积之比的百分数。铜层体积比为 20%，允许范围为 18%～22%。

（4）铜层厚度的偏差

铜包铝母线的同层厚度应均匀，允许偏差为铜层平均厚度的±10%。

（5）截面积计算

全圆边形的截面积计算公式：$S=ab-0.214a$。

圆角形的截面积计算公式：$S=ab-0.858r$。

（6）密度

铜包铝母线的密度为 $3.94g/cm^2$，其允许偏差为±3.2%。

（7）界面结合的剪切强度

铜包铝母线的铜层与铝芯应紧密地形成冶金结合，铜铝之间无缝隙。《连铸轧制铜包铝扁棒、扁线》GB/T 30586—2014 中第 4.7 条规定铜铝界面结合的剪切强度不应小于 40MPa。

5. 质量保证

铜铝复合母线的每件包装内应附有供货方产品合格证，每批次产品应附有出厂检验报告。

铜铝复合母线应成捆包装，应用防潮、防腐及防机械损伤措施。包装表面应有明显标识；每个包装应为同一型号，同一规格。标识应易识别且包括以下内容：

（1）制造厂名称、商标和厂址。

（2）产品名称、型号及规格。

（3）毛重及净重。

（4）制造日期。

（5）产品批号。

铜铝复合母线在运输中应防潮、防蚀，防止在装卸、吊运、堆放和运输中受到损伤，应妥善储存在干燥通风、防雨、防水及不含酸碱性物质或有害气体的库房内。

3.1.2 预制分支电缆

预制分支电缆是工厂预先把分支线制造在主干电缆上，分支线截面大小和分支线长度等是根据设计要求决定的，极大缩短了施工周期，大幅度减少材料费用和施工费用，保证了配电的可靠性。

预制分支电缆由主干电缆、分支线、分支接头和相关附件四部分组成，如图 3-3 所示，具有普通型、阻燃型（ZR）和耐火型（NH）三种类型。预制分支电缆是高层建筑中母线槽供电的替代产品，具有供电可靠、安装方便、防水性好、占建筑面积小、故障率低、价格便宜、免维修维护等优点，适用于交流额定电压为 0.6/1kV 配电线路中，广泛应用于高中层建筑、住宅楼、商厦、宾馆、医院电气竖井内垂直供电，也适用于隧道、机场、桥梁、公路等供电系统。

1. 主要优缺点

（1）预制分支电缆主要优点

1）可明显地降低配电成本。与封闭母线槽相比，其价格便宜降低工程造价，并且经济指标高，综合效益明显，而且规格齐全，选用灵活，可任意组合。分支头根据配电系统的配电点的需要，还可任意设定分支位置。

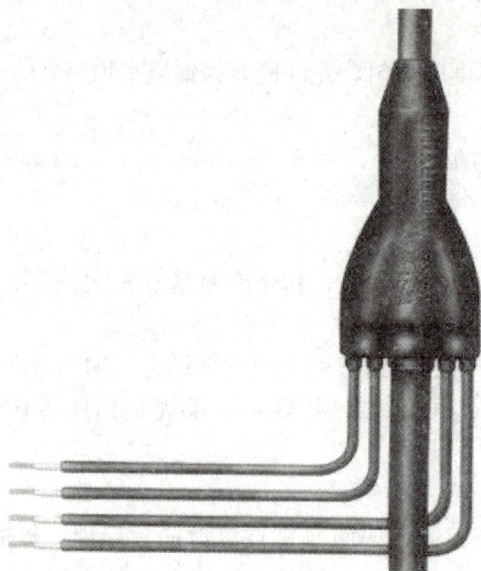

图 3-3　预制分支电缆

2）安装环境要求低，施工简便。占用建筑面积小，对土建的空间尺寸无要求。敷设简单，安装便捷，使用环境要求低，可直接敷设于电缆沟内、建筑的专用电缆竖井内，也可敷设于不同的电缆桥架中，安装精度低。与封闭母线槽相比，电缆的走向随意，弯曲半径小，大大降低了施工难度，缩小了空间尺寸。安装劳动强度小，施工周期短，仅有封闭母线槽安装时的十分之一。

3）优良的抗振性、气密性、防水性和耐火性。优良的抗振性，一般封闭式机械型连接母线槽，因以墙体为依托平行安装，当墙体受振动后封闭母线槽的各接头松动，而预制分支电缆不会受到影响，特别在通过建筑的沉降缝时不需要任何措施。良好的气密性、防水性，预制分支电缆能在潮湿的环境中正常供电运行，也能露天敷设或埋在土壤中。耐火型预制分支电缆在燃烧的情况下，保持 90min 正常送电运行。

4）免维护。预制分支电缆按规定的方法安装后，一次性开通率高。正常运行的预制分支电缆整个系统，在平时不需要做任何维护和保养。后期事故抢修简单，维护成本极低。

（2）预制分支电缆主要缺点

分支点要精确计算，需要进行现场测量和出具专业设计图纸。确定了分支电缆和型号，加工成型固定后就无法改变，灵活性较差。

2. 敷设与安装

（1）敷设与安装前的准备

根据设计图纸要求，熟悉确定电缆的敷设方向和位置；拟订施工方案，组织专业施工人员；准备敷设安装的工具设备；核实电缆的型号、规格及包装顺序；核实所配附件，分配附件到安装地点。

（2）施工的方法与流程

将电缆线盘放在放线架上；当电缆垂直安装时，电缆放线架置于楼下，将电缆通过绳索用卷扬机或滑轮组提升（要求每层楼须有专业施工人员），置于终端后将电缆挂在安装好的挂具钩上；当电缆水平安装时，电缆放线架置于受电位置，将电缆通过专业施工人员人力放设（要求每隔两米一人）；将预制分支电缆主干线和分支线按要求对中间部位进行固定；将主干线、分支线与电器控制装置分别按相序进行连接；安装完毕后清理现场，对预制分支电缆各相所接的各回路，进行绝缘电阻测量；填写施工记录。

（3）敷设与安装时的注意事项

1）敷设时尽量采用顺向吊装，当施工现场受到限制或有特殊要求时，也可采用逆向放装。无论哪种放设方式，其过程中不许提前放开支线，防止分支体在通过孔洞时刮伤，并且避免受到过大的机械外力作用。

2）在提升吊装时一定选择大于电缆重量 4 倍以上强度的绳索，敷设完毕后首先由上而下地安装固定夹具。

3）敷设安装过程中不能小于 25D 电缆弯曲半径。

4）固定单芯型预制分支电缆时，禁止使用金属夹具。

5）主干线和分支线与受电测电器和用电测电器连接时，必须使用金属线夹，并正确地选用线夹的金属类型。

6）挂具必须安装在承重墙体上。

3. 质量保证

预制分支电缆是根据建设工程的配电特点、设计要求和环境情况而整体预制的，订货需要注意以下情况：

（1）正确的提供预制分支电缆的品种及型号。

（2）明确各分支头之间的准确距离，终端分支头到挂具的尺寸。

（3）明确分支线的准确长度。

（4）提供预制分支电缆主干线始端至第一分支头的距离。

（5）提供配电系统图和预制分支电缆尺寸草图。

3.1.3　可弯曲金属导管

可弯曲金属导管内层为热固性粉末涂料，粉末通过静电喷涂，均匀吸附在钢带上，经 200℃高温加热液化再固化，形成质密又稳定的涂层，涂层自身具有绝缘、防腐、阻燃、耐磨损等特性，厚度为 0.03mm，如图 3-4 所示。可弯曲金属导管有基本型（KZ）、防水型（KV）和阻燃型（KVZ）三种。基本型材质为外层热镀锌钢带绕制而成，内壁为特殊绝缘树脂层；防水型是在基本型基础上外包塑软质聚氯乙烯；阻燃型是在基本型基础上外包覆软质阻燃聚氯乙烯。可弯曲金属导管是我国建筑材料行业新一代电线电缆外保护材料，已被编入设计、施工与验收规范，大量应用于建筑电气工程的强电、弱电、消防系统中，可用于明敷和暗敷场所，已逐步成为一种较理想的电线电缆外保护材料。

图 3-4　可弯曲金属导管

1. 可弯曲金属导管的技术特点

（1）重量轻。可弯曲金属导管仅是相同体积的
钢管重量的三分之一，因此被国家能源局列为节能节材环保项目。

（2）耐腐蚀性能优越。由于采用热镀锌钢带工艺，可弯曲金属导管耐腐蚀性是钢管和金属软管无法比拟的。

（3）屏蔽性能好，与钢管相同。

（4）长度不受限制，根据工程需要，可任意切割，节省材料。

（5）管外表无螺纹，有相应的各种附件，折弯不用机械，切割只需用专用割刀现场施工，非常方便。在建筑和装修中应用可省工时 40%～90%，在造船行业中可提高工效六倍。

（6）有较好的强度，良好的绝缘，可预埋在钢筋混凝土网中，并可根据需要定型，弥补了钢管和金属软管及 PVC 管在某些场合施工的弱点。

2. 可弯曲金属导管在电气工程中的应用

可弯曲金属导管的优点：

自带螺纹，连接便捷。套管都由螺纹构成，不需要挑螺纹，无论在任何地方切断，都可以用连接器与电线管设备、电机等可靠地连接。即使在内部构造复杂的场地，也能又快又简单地配管。

耐振耐水，强度良好。由于材质和结构上的特点，该管系属于挠性管系列，所以抗震、耐振动性能优异，套管采用特殊绝缘防腐树脂作为套管的内层材料，具有耐水的特点，可以将其预先埋在混凝土的构架中，保护电线电缆不受损害。切断简单，加工容易，用专用套管切割刀，简单地切断，断面非常光洁整齐，不需要用锯、虎钳等工具，也不需要对切口进行加工，不需要携带挑螺纹工具、折弯机等，只用卡钳和刀在现场就可方便地施工。

体小量轻，搬运方便。采用精选原材料经特殊工艺加工制作，套管结构新颖，品质优良，该管重量轻，卷成圆盘状，体积小，可以很方便地搬运到建筑物的高处，消除作业危险。

自由弯曲，造型美观。管可以随便弯曲，弯曲部位可以保持其形状，也可以用手调节，不需要折弯机或复杂手段。

耐腐绝缘，阻燃隔热。套管表面为热镀锌钢带，有优异的耐腐蚀性，采用特殊绝缘树脂作为内层材料，有优异的电气绝缘性能。耐酸、碱、盐及化学品性能更佳，消防指标达到国家标准。

防爆防尘，屏蔽性好。增安型、隔爆型防爆套管适用在粉尘、存在易燃易爆气体等特殊场所的防爆电机、仪器仪表等设备的电气线路的保护。在通信、消防报警等行业应用，铜制套管屏蔽效果更佳。铝制套管无毒无害。

3. 施工工艺

可弯曲金属导管基本型采用双扣螺旋结构、内层静电喷涂技术，防水型和阻燃型在基本型的基础上包覆防水、阻燃护套，使用时徒手施以适当的力即可将金属导管弯曲到需要的程度，连接附件使用简单工具即可将导管等连接可靠。

（1）明配的可弯曲金属导管固定点间距应均匀，管卡于设备、器具、弯头中点、管端等边缘的距离应小于 0.3m。

（2）暗配的可弯曲金属导管，应敷设在两层钢筋之间，并与钢筋绑扎牢固。管子绑扎点间距不宜大于 0.5m，绑扎点距盒（箱）不应大于 0.3m。

4. 主要性能

（1）电气性能：导管两点间过渡电阻小于 0.05Ω 标准值。

（2）抗压性能：1250N 压力下扁平率小于 25%，可达到《电缆管理用导管系统　第 1 部分：通用要求》GB/T 20041.1—2015 分类代码 4 重型标准要求。

（3）拉伸性能：1000N 拉伸荷重下，重叠处不开口（或保护层无破损），可达到《电缆管理用导管系统　第 1 部分：通用要求》GB/T 20041.1—2015 分类代码 4 重型标准要求。

（4）耐腐蚀性：浸没在 1.186kg/L 的硫酸铜溶液，可达到《电缆管理用导管系统　第 1 部分：通用要求》GB/T 20041.1—2015 的分类代码 4 重型标准要求。

（5）绝缘性能：导管内壁绝缘电阻值不低于 50MΩ。

3.1.4　模块化电缆密封系统

模块化电缆密封系统可在各种陆地上及海上、能源及工业应用上达到不透水、不透烟及不透气的目的。

模块化电缆密封系统包括可变径模块化电缆穿设封堵系统、可调芯层模块化电缆密封系统等。各类模块化电缆密封系统的结构大致相同，均为模块化电缆穿隔密封件（MCT）形式。MCT 是一种预制件标准组件系统，在电缆通过墙壁上的贯穿框架后，在电缆间嵌塞标准的可变内径模块，通过锁紧安装在楔形紧块上的螺栓，达到密封电缆间隙的目的。MCT 电缆封堵装配结构如图 3-5 所示。

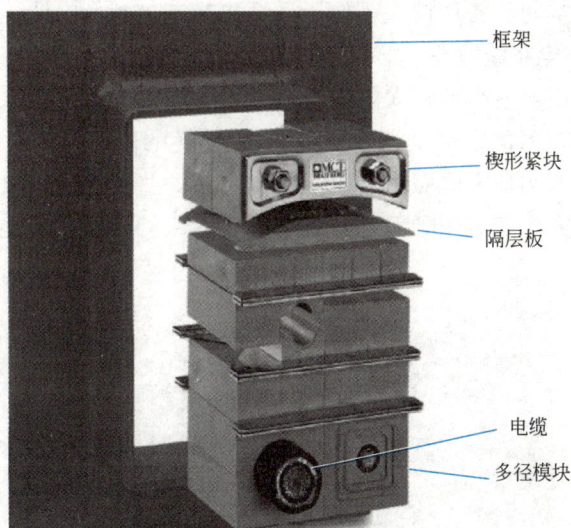

框架

楔形紧块

隔层板

电缆

多径模块

图 3-5　MCT 电缆封堵装配结构图

模块材料为三元乙丙橡胶。由于这种材料的主要聚合物链完全饱和，因此该材料可抵抗热、光、氧气，尤其是臭氧的侵蚀。另外，这种材料本质上是无极性的，因此对极性溶液和化学物具有抗性，且吸水率低，绝缘特性，水密、气密、耐火、耐老化（使用寿命达 60 年）性能良好。

模块化电缆密封系统的特点有：

（1）模块化电缆密封系统的可变内径模块可根据电缆外径灵活调整，从而解决了密封不严问题，并且可实现防水、气密和耐火的密封效果。另外，模块化电缆密封系统除了可用于一般电缆的密封外，还可用于带有端接件的电缆的密封。

（2）模块化电缆密封系统的可变内径模块材料为三元乙丙橡胶。该材料具有的特殊物质，使啮齿动物对其不感兴趣，因此可防止啮齿动物撕咬，且该材料的使用寿命能够达到 60 年。

（3）模块化电缆密封系统采用的专用电磁兼容性（EMC）模块，不仅能阻止不必要的电磁场（如无线电波）通过电缆穿隔，而且能使电缆屏蔽层内携带的电磁能接地，因此可起到抗电磁干扰的作用。

（4）安装模块化电缆密封系统时，先将钢制框架点焊在角钢上，并在法兰四周采用强度不小于原结构的水泥进行二次浇筑；然后根据模块图配齐各种规格的模块、隔层板、实体中心塞、楔形紧块等零件；再将与电缆匹配的模块按先大后小、先下后上的顺序放置到框架内；最后安装隔层板和楔形紧块，并加固螺栓完成最终安装。安装模块化电缆密封系统时，预留空间和备用模块，以便后续根据需要将可拆卸模块打开，轻松完成电缆更换、移动或加装工作。

（5）模块化电缆密封系统在核电站的可应用区域非常广，原则上，电缆直径在 3.5～99mm，温度在－40～50℃的区域均可采用。一般区域采用模块化电缆密封系统能达到较好的密封效果，且整齐、美观；零米以下的孔洞采用模块化电缆密封系统还可实现水密和阻燃功能；电气和仪控盘柜采用模块化电缆密封系统，能在实现水密和阻燃功能的基础上进行灵活安装，为调试和维修提供方便；另外，在电缆沟/电缆隧道也可使用模块化电缆密封系统，事先预留空间和备用模块，便于后续更换或加装新电缆。

3.1.5　太阳能光伏发电系统设备

太阳能发电是利用电池组件将太阳能直接转变为电能的装置。太阳能电池组件（Solar Cells）是利用半导体材料的电子学特性实现 P-V 转换的固体装置，在广大的无电力网地区，该装置可以方便地实现家庭照明及生活供电，在一些发达国家其可与区域电网并网实现互补。国内主要研究生产适用于无电地区家庭照明用的小型太阳能光伏发电系统，如图 3-6 所示。

图 3-6　太阳能光伏发电系统

1. 太阳能光伏发电系统原理与设备组成

光伏发电系统是由太阳能电池组、蓄电池组、充放电控制器、逆变器、交流配电柜、自动太阳能跟踪系统、自动太阳能组件除尘系统等设备组成。

（1）太阳能电池

太阳能电池一般为硅电池，分为单晶硅太阳能电池、多晶硅太阳能电池和非晶硅太阳能电池三种。太阳能电池组一般由电池片、玻璃、EVA、TPT 和边框等组成，如图 3-7 所示。

电池片采用高效率（16.5％以上）的单晶硅太阳能片封装，保证太阳能电池板发电功率充足。

玻璃采用低铁钢化绒面玻璃（又称为白玻璃），厚度 3.2mm，在太阳电池光谱响应的波长范围内（320～1100nm）透光率达 91％ 以上，对于大于 1200nm 的红外光有较高的反射率。此玻璃同时能耐太阳紫外光线的辐射，透光率不下降。

图 3-7 太阳能电池组

采用加有抗紫外剂、抗氧化剂和固化剂的厚度为 0.78mm 的优质乙烯-醋酸乙烯共聚物（EVA）膜层作为太阳能电池的密封剂和与玻璃、TPT 材料之间的连接剂。具有较高的透光率和抗老化能力。

TPT 是太阳能电池的背面覆盖物——氟塑料膜，白色，对阳光起反射作用，因此对组件的效率略有提高，并因其具有较高的红外发射率，还可降低组件的工作温度，也有利于提高组件的效率。当然，此氟塑料膜首先具有太阳电池封装材料所要求的耐老化、耐腐蚀、不透气等基本要求。

所采用的铝合金边框具有高强度，抗机械冲击能力强的优点，也是家用太阳能发电中价值最高的部分。

（2）蓄电池组

蓄电池组的作用是贮存太阳能电池方阵受光照时发出的电能并可随时向负载供电。太阳能电池发电对所用蓄电池组的基本要求是：自放电率低，使用寿命长，深放电能力强，充电效率高，少维护或免维护，工作温度范围宽和价格低廉。

目前我国与太阳能发电系统配套使用的蓄电池主要是铅酸蓄电池和镉镍蓄电池。配套 200Ah 以上的铅酸蓄电池，一般选用固定式或工业密封式免维护铅酸蓄电池，每只蓄电池的额定电压为 2VDC，配套 200Ah 以下的铅酸蓄电池，一般选用小型密封免维护铅酸蓄电池，每只蓄电池的额定电压为 12VDC。

（3）充放电控制器

充放电控制器是能自动防止蓄电池过充电和过放电的设备。由于蓄电池的循环充放电次数及放电深度是决定蓄电池使用寿命的重要因素，因此能控制蓄电池组过充电或过放电的充放电控制器是必不可少的设备。

（4）逆变器

逆变器是将直流电转换成交流电的设备。由于太阳能电池和蓄电池是直流电源，而负载是交流负载时，逆变器是必不可少的。逆变器按运行方式，可分为独立运行逆变器和并网逆变器。独立运行逆变器用于独立运行的太阳能电池发电系统，为独立负载供电。并网逆变器用于并网运行的太阳能电池发电系统。逆变器按输出波形可分为方波逆变器和正弦波逆变器。方波逆变器电路简单，造价低，但谐波分量大，一般用于几百瓦以下和对谐波要求不高的系统。正弦波逆变器成本高，但可以适用于各种负载。

逆变器保护功能包括过载保护、短路保护、接反保护、欠压保护、过压保护和过热保护。

（5）交流配电柜

交流配电柜在电站系统的主要作用是对备用逆变器的切换功能，保证系统的正常供电，同时还有对线路电能的计量。

2. 太阳能光伏发电系统的分类与应用

（1）系统分类

太阳能光伏发电系统分为独立光伏发电系统、并网光伏发电系统及分布式光伏发电系统。

1）独立光伏发电系统

独立光伏发电系统也叫离网光伏发电系统，主要由太阳能电池组件、控制器、蓄电池组成，若要为交流负载供电，还需要配置交流逆变器。

2）并网光伏发电系统

并网光伏发电系统就是太阳能组件产生的直流电经过并网逆变器转换成符合市电电网要求的交流电之后直接接入公共电网。并网光伏发电系统有集中式大型并网光伏电站，一般都是国家级电站，主要特点是将所发电能直接输送到电网，由电网统一调配向用户供电。这种电站投资大、建设周期长、占地面积大，发展难度较大。而分散式小型并网光伏系统，特别是光伏建筑一体化发电系统，由于投资小、建设快、占地面积小、政策支持力度大等优点，是并网光伏发电的主流。

3）分布式光伏发电系统

分布式光伏发电系统，又称分散式发电或分布式供能，是指在用户现场或靠近用电现场配置较小的光伏发电供电系统，以满足特定用户的需求，支持现存配电网的经济运行，或者同时满足这两个方面的要求。

分布式光伏发电系统的基本设备包括光伏电池组件、光伏方阵支架、直流汇流箱、直流配电柜、并网逆变器、交流配电柜等设备，另外还有供电系统监控装置和环境监测装置。其运行模式是在有太阳辐射的条件下，光伏发电系统的太阳能电池组件阵列将太阳能转换为输出的电能，经过直流汇流箱集中送入直流配电柜，由并网逆变器逆变成交流电供给建筑自身负载，多余或不足的电力通过联接电网来调节。

（2）应用领域

1）用户太阳能电源

$10 \sim 100W$ 不等的小型电源，可用于边远无电地区，如：高原、海岛、牧区、边防哨所等军民生活用电；$3 \sim 5kW$ 小型电源可作为家庭屋顶并网发电系统；光伏水泵可以解决无电地区的深水井饮用、灌溉。

2）交通领域

如航标灯、交通/铁路信号灯、交通警示/标志灯、高空障碍灯、高速公路/铁路无线电话亭、无人值守道班的供电。太阳能路灯如图 3-8 所示。

3）通信领域

太阳能无人值守微波中继站、光缆维护站、广播/通信/寻呼电源系统、农村载波电话光伏系统、小型通信机、士兵 GPS 供电等。

4）石油、海洋、气象领域

石油管道和水库闸门阴极保护太阳能电源系统、石油钻井平台生活及应急电源、海洋检测设备、气象/水文观测设太阳能路灯设备等。

图 3-8　太阳能路灯

5）家庭灯具电源

如庭院灯、路灯、手提灯、野营灯、登山灯、垂钓灯、黑光灯、割胶灯、节能灯等。

6）光伏电站

10~50MW 独立光伏电站、风光（柴储）互补电站、各种大型停车场充电站等。

7）太阳能建筑

将太阳能发电与建筑材料相结合，使得未来的大型建筑实现电力自给，是未来一大发展方向。

8）其他领域包括

与汽车配套：太阳能汽车/电动车、电池充电设备、汽车空调、换气扇、冷饮箱等；太阳能制氢加燃料电池的再生发电系统；海水淡化设备供电系统；卫星、航天器、空间太阳能电站等。

3. 太阳能光伏发电系统的特点与设计要求

（1）系统特点

1）系统的优势：

① 太阳能取之不尽，用之不竭，地球表面接受的太阳辐射能，能够满足全球能源需求的 1 万倍。只要在全球 4% 沙漠上安装太阳能光伏系统，所发电力就可以满足全球的需要。太阳能发电安全可靠，不会遭受能源危机或燃料市场不稳定的冲击。

② 太阳能随处可建，可就近供电，不必长距离输送，避免了长距离输电线路的损失。

③ 太阳能不用燃料，运行成本很低。

④ 太阳能发电没有运动部件，不易损坏，维护简单，特别适合于无人值守情况下使用。

⑤ 太阳能发电不会产生任何废弃物，没有污染、噪声等公害，对环境无不良影响，是理想的清洁能源。

⑥ 太阳能发电系统建设周期短，方便灵活，而且可以根据负荷的增减，任意添加或减少太阳能方阵容量，避免浪费。

2）存在的问题：

① 地面应用时有间歇性和随机性，发电量与气候条件有关，在晚上或阴雨天就不能或很少发电。

② 能量密度较低，标准条件下，地面上接收到的太阳辐射强度为 $1000W/m^2$。大规

模使用时，需要占用较大面积。

③ 价格仍比较贵，为常规发电价格的 3～15 倍，初始投资高。

（2）设计要求

1）需要考虑太阳能光伏发电系统使用的地方以及该地日光辐射情况。

2）需要考虑太阳能光伏发电系统需要承载的负载功率。

3）需要考虑系统所输出电压，以及考虑应该使用直流电还是交流电。

4）需要考虑系统每天需要工作的小时数。

5）如遇到没有日光照射的阴雨天气，系统需连续供电多少天。

6）考虑负载的情况，是纯电阻性、电容性还是电感性，启动电流的大小。

3.1.6　LED 照明灯具

LED 照明灯具是 LED 灯具设备的统称，是指能透光、分配和改变 LED 光源光分布的器具，包括除 LED 光源外所有用于固定和保护 LED 光源所需的全部零部件，以及与电源连接所必需的线路附件。

1. LED 照明灯具的特点

（1）节能化

由于 LED 是冷光源，半导体照明自身对环境没有任何污染，与白炽灯、荧光灯相比，节电效率可以达到 90% 以上。在同样亮度下，耗电量仅为普通白炽灯的 1/10，荧光灯管的 1/2。如果用 LED 取代我们传统照明的 50%，每年我国节省的电量就相当于一个三峡水电站发电量的总和，如此可见其节能效益十分可观。

（2）健康化

LED 是一种绿色光源。LED 灯直流驱动，没有频闪；没有红外和紫外的成分，没有辐射污染，显色性高并且具有很强的发光方向性；调光性能好，色温变化时不会产生视觉误差；冷光源发热量低，可以安全触摸。这些都是白炽灯和日光灯达不到的。它既能提供令人舒适的光照空间，又能很好地满足人的生理健康需求，是保护视力并且环保的健康光源。

由于单只 LED 功率较小，光亮度较低，不宜单独使用，而将多个 LED 组装在一起设计成为实用的 LED 照明灯具则具有广阔的应用前景。灯具设计师可根据照明对象和光通量的需求，决定灯具光学系统的形状、LED 的数目和功率的大小；也可以将若干个 LED 发光管组合设计成点光源、环形光源或面光源的"二次光源"，根据组合成的"二次光源"来设计灯具。

（3）艺术化

工程应用光色是构成视觉美学的基本要素，是美化居室的重要手段。光源的选用直接影响灯光的艺术效果，LED 在光色展示灯具艺术化上显示了无与伦比的优势；彩色 LED 产品已覆盖了整个可见光谱范围，且单色性好，色彩纯度高，红、绿、黄 LED 的组合使色彩及灰度（1670 万色）的选择具有较大的灵活性。灯具是发光的雕塑，由材料、结构、形态和肌理构造的灯具物质形式也是展示艺术的重要手段。LED 技术使居室灯具将科学性和艺术性更好地有机结合，打破了传统灯具的边边框框，超越了固有的所谓灯具形态的观念，灯具设计在视知觉与形态的艺术创意表现上，以一个全新的角度去认识、理解和表达光的主题，可以更灵活地利用光学技术中明与暗的搭配、光与色的结合，材质、结构设计的优势，提高设计自由度来弱化灯具的照明功能，让灯具成为一种视觉艺术，创造舒适优美的灯光艺术效果。例如半透明合成材料和铝制成的类似于蜡烛的 LED 灯，可随意搁置在地上、墙角或桌上，构思简约而轻松，形态传达的视觉感受和光的体验，让灯具变成充满情趣与生机的生命体。

2. LED 照明灯具的发光原理

LED（Light Emitting Diode），发光二极管，是一种固态的半导体器件，它可以直接把电转化为光。LED 的"心脏"是一个半导体的晶片，晶片固定在一个支架上，一端是负极，另一端连接电源的正极，使整个晶片被环氧树脂封装起来，如图 3-9 所示。半导体晶片由两部分组成，一部分是 P 型半导体，在它里面空穴占主导地位，另一端是 N 型半导体，在这边主要是电子。但这两种半导体连接起来的时候，它们之间就形成一个 P-N 结。当电流通过导线作用于这个晶片的时候，电子就会被推向 P 区，在 P 区里电子跟空穴复合，然后就会以光子的形式发出能量，这就是 LED 发光的原理。而光的波长也就是光的颜色，是由形成 P-N 结的材料决定的。

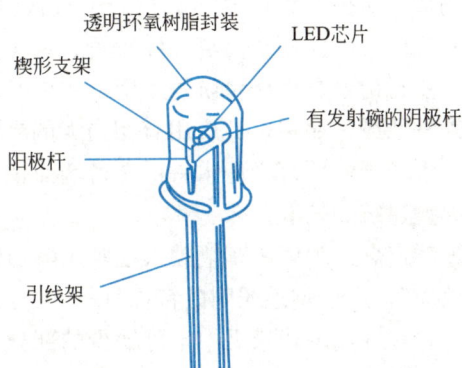

透明环氧树脂封装　LED芯片

楔形支架

有发射碗的阴极杆

阳极杆

引线架

图 3-9　发光二极管构造图

3. LED 照明灯具的应用优势

（1）体积小

LED 照明灯具基本上是一块很小的晶片被封装在环氧树脂里面，所以它非常的小，非常的轻。

（2）耗电量低

LED 照明灯具耗电量相当低，工作电压一般是 2～3.6V，工作电流是 0.02～0.03A，这就是说它消耗的电能不超过 0.1W。

（3）使用寿命长

在恰当的电流和电压下，LED 照明灯具的使用寿命可达 10 万小时。

（4）高亮度、低热量

LED 照明灯具使用冷发光技术，发热量比普通照明灯具低很多。

（5）环保

LED 照明灯具由无毒的材料制成，不像荧光灯含水银会造成污染，而且还可以回收再利用。

（6）坚固耐用

LED 照明灯具是被完全地封装在环氧树脂里面，它比灯泡和荧光灯管都坚固。灯体内也没有松动的部分，这些特点使得 LED 照明灯具不易损坏。

4. LED 照明灯具的分类

（1）室外类

路灯：道路灯主要用于夜间的通行照明。

太阳能路灯：太阳能路灯以太阳光为能源，蓄电池储能，以 LED 灯为光源，白天充电晚上使用。

庭院灯：庭院灯灯光或灯罩多数向上安装，灯管和灯架多数安装在庭院地坪上，特别适用于公园、街心花园、宾馆以及工矿企业、机关学校的庭院等场所。

埋地灯：埋地灯灯体为压铸或不锈钢等材料，坚固耐用，防渗水，散热性能优良；面盖为 Q304 精铸不锈钢材料，防腐蚀，抗老化；硅胶密封圈，防水性能优良，耐高温，抗老化；高强度钢化玻璃，透光度强，光线辐射面宽，承重能力强；所有坚固螺栓均由不锈钢制成；防护等级达 IP67；可选配塑料预埋件，方便安装及维修。地埋灯在外形上有方的也有圆的，广泛用于商场、停车场、绿化带、公园埋地灯、旅游景点、住宅小区、城市雕塑、步行街道、大楼台阶等场所，主要是埋于地面，用来做装饰或指示照明之用，还有的用来洗墙或是照树，其应用有相当大的灵活性。

洗墙灯：让灯光像水一样洗过墙面，主要也是用来做建筑装饰照明之用，还有用来勾勒大型建筑的轮廓。

隧道灯：为解决车辆驶入或驶出隧道时亮度的突变使视觉产生的"黑洞效应"或"白洞效应"，用于隧道照明的特殊灯具。

景观灯：现代景观中不可缺少的部分。不仅自身具有较高的观赏性，还强调艺术灯的景观与景区历史文化、周围环境的协调统一。适用于广场、居住区、公共绿地等景观场所。

草坪灯：是用于草坪周边的照明设施，也是重要的景观设施。它以其独特的设计、柔和的灯光为城市绿地景观增添了安全与美丽，且安装方便、装饰性强，是用于草坪周边的照明设施，也是重要的景观设施，适用于公园、花园别墅等的草坪周边及步行街、停车场、广场等场所。

水底灯：水底灯简单的指就是装在水底的灯，外观小而精致，水底灯美观大方，外型和有些地埋灯差不多，只是多了个安装底盘，底盘是用螺栓固定的。

喷泉灯：广泛用于广场景观喷泉，园林喷水池背景照明等场所。

护栏管：护栏管是由发光二极管、电子线路板、电子元器件、PC 塑胶外壳、防水电源组成的一种线性的装饰灯具。它能够防水、防尘、防紫外线、耐高温、抗寒、具有环保、节能省电、使用寿命长等物理特性，已广泛应用于桥梁、道路、楼体墙面、公园、广场、娱乐场所等地方。

舞台灯：舞台灯是演出空间构成的重要组成部分，是根据情节的发展对人物以及所需的特定场景进行全方位的视觉效果展现。

移动式灯：移动式灯具常用于室内、外移动性的工作场所以及室外电视、电影的摄影等场所。

交通灯：通常指由红、黄、绿三种颜色灯组成用来指挥交通的信号灯。

汽车灯：为保证安全行车而安装在汽车上的各种交通灯。分照明灯和信号灯两类。

灯条/带：灯条是灯带的另外一种叫法，也是因其形状而得名。

（2）室内类

筒灯：一般装设在卧室、客厅、卫生间的周边顶棚上。这种嵌装于顶棚内部的隐置性灯具，所有光线都向下投射，属于直接配光。

球泡灯：是替代传统白炽灯泡的新型节能灯具。

蜡烛灯：又称新型无烟型蜡烛灯，这些蜡烛灯的外形与真正的蜡烛相似，但是不会产生烟雾或者致癌物。蜡烛灯包括蜡烛造型的灯体、用于与灯座相连的灯头和内置于灯体内的发光体，其特征在于所述发光体两个电极分别与灯头的相应电极相连。

灯管、格栅灯：一种照明灯具，适合安装在有吊顶的写字间。光源一般是灯管。分为嵌入式和吸顶式。

斗胆灯：斗胆灯面板采用优质铝合金型材，经喷涂处理，呈闪光银色，防锈、防腐蚀；反光罩采用进口高纯度阳极电化铝，经氧化处理，不易氧化，光束集中。其性能为电子变压器，输入电压 220V，频率 50～60Hz。适用光源为 AR70 50W、75W、100W。光效为 8 度聚光型，24 度散光型。主要特点是双环结构，光线方向可调节；中心区域可增加 35％的光亮度。安装方式是嵌入式。适用场所有展厅、服装店、精品店等。

平板灯：装在顶棚上，也可以叫吸顶灯，被运用在大厅、大堂、卧室、厨房、浴室、洗衣间、娱乐室等使用率较高的房间。

天花灯：天花灯又叫吸顶灯，属于低档灯具，一般是直接装到顶棚上。用于过道、走廊、阳台、厕所等地方。灯罩一般有乳白玻璃和 PS 板两种。外形多种多样，有长方形、正方形、圆形、球形和圆柱形等，里面的光源有白炽灯、节能灯、灯管等，多种多样，不一而足。其特点是较大众化，经济实惠。

嵌灯：嵌入式灯适用于有吊顶的房间，灯具是嵌入或部分嵌入在吊顶内安装的，这种灯具能有效地消除眩光，与吊顶结合能形成美观的装饰艺术效果。

柜台灯：应用在珠宝首饰、星级酒店、品牌服装、高档会所、博文物展馆、连锁商场、品牌营业厅、专业橱窗、柜台等重点照明场所。

吸顶灯：吸顶灯是将灯具吸贴在顶棚面上，主要用于没有吊顶的房间内。

吊灯：主要利用吊杆、吊链、吊管、吊灯线来吊装灯具，以达到不同的效果。

壁灯：装在墙壁、庭柱上，主要用于局部照明、装饰照明或不适应在顶棚安装灯具或安装在没有顶棚的场所。

落地灯：装在高支柱上并立于地面上的可移式灯具，落地灯多用于高级客房、宾馆、带茶几沙发的房间以及家庭的床头或这些在书架旁。

台灯：台灯主要放在写字台、工作台、阅览桌上，作为书写阅读之用。

厨卫灯：厨房和卫生间用的装饰灯。

镜前灯：是梳妆镜上面的那个灯，也是卫生间镜子上面的那个灯，一般是指固定在镜子上面的照明灯，作用是照清照镜子的人，使照镜子的人看得更清晰。

应急灯：应急照明用的灯具的总称，包括疏散标志灯，出口标志灯或指向标志灯。

浴霸：浴霸按取暖方式分灯泡红外线取暖浴霸和暖风机取暖浴霸，市场上主要是灯泡红外线取暖浴霸。按功能分为三合一浴霸和二合一浴霸，三合一浴霸有照明、取暖、排风功能；二合一浴霸只有照明、取暖功能。

无影灯：一般用于手术室或者一些夜晚工作的专用灯具，其中的原理就是光相互折射，而冲淡了影子。

探照灯：通常具有直径大于 0.2m 的出光口并产生近似平行光束的高光强投光灯。

射灯：通常具有直径小于 0.2m 的出光口并形成一般不大于 0.34rad（20°）发散角的

集中光束的投光灯。

投灯：利用反射器和折射器在限定的立体角内获得高光强的灯具。

地脚灯：地脚灯主要应用于医院病房、宾馆客房、公共走廊、卧室等场所。地脚灯的主要作用是照明走道，便于人员行走。它的优点是避免刺眼的光线，特别是夜间起床开灯，不但可减少灯光对自己的影响，同时可减少灯光对他人的影响。

3.1.7   智能家居系统设备

智能家居系统是利用先进的计算机技术、网络通信技术、综合布线技术、医疗电子技术依照人体工程学原理，融合个性需求，将与家居生活有关的各个子系统如安防、灯光控制、窗帘控制、煤气阀控制、信息家电、场景联动、地板供暖、健康保健、卫生防疫、安防保安等有机地结合在一起，通过网络化综合智能控制和管理，实现"以人为本"的全新家居生活体验。

1. 系统的组成与功能

（1）系统的组成

智能家居系统包含的主要子系统有家居布线系统、家庭安防系统、家居照明控制系统、背景音乐系统（如 TVC 平板音响）、家庭影院与多媒体系统、家庭网络系统（电器控制）、智能家居（中央）控制管理系统、家庭环境控制系统八大系统。其中，智能家居（中央）控制管理系统（包括数据安全管理系统）、家居照明控制系统、家庭安防系统是必备系统，家居布线系统、家庭网络系统、背景音乐系统、家庭影院与多媒体系统、家庭环境控制系统为可选系统。

在智能家居系统产品的认定上，厂商生产的智能家居（智能家居系统产品）必须是属于必备系统，能实现智能家居的主要功能，才可称为智能家居。因此，智能家居（中央）控制管理系统（包括数据安全管理系统）、家居照明控制系统、家庭安防系统都可直接称为智能家居（智能家居系统产品），而可选系统都不能直接称为智能家居，只能用智能家居加上具体系统的组合表述方法，如背景音乐系统，称为智能家居背景音乐。将可选系统产品直接称作智能家居，是对用户的一种误导行为。

在智能家居环境的认定上，只有完整地安装了所有的必备系统，并且至少选装了一种及以上的可选系统的才能称为智能家居。

1）布线系统

对于一个智能住宅需要有一个能支持语音/数据、多媒体、家庭自动化、保安等多种应用的布线系统，即智能化住宅布线系统。布线系统通过一个总管理箱将电话线、有线电视线、宽带网络线、音响线等被称为弱电的各种线统一规划在一个有序的状态下，以统一管理居室内的电话、传真、电脑、电视、影碟机、安防监控设备和其他的网络信息家电，使之功能更强大、使用更方便、维护更容易、更易扩展新用途。可实现电话分机，局域网组建，有线电视共享等。

2）安防系统

家庭安防系统包括如下几个方面的内容：视频监控、对讲系统、门禁一卡通、紧急求助、烟雾检测报警、燃气泄漏报警、玻璃破碎探测报警、红外双鉴探测报警等。安防系统具有室内防盗、防劫、防火、防燃气泄漏以及紧急救助等功能，全面集成语音电话远程控制、定时控制、场景控制、无线转发等智能灯光和家电控制功能；无须重新布线，即插即用，轻松实现家庭智能安防；预设防盗报警电话；质量可靠，性能稳定，无须再担心家的安全、财产的安全、生命的安全。

3）智能照明系统

智能家居系统中最重要的一部分便是智能照明系统，是通过开关模块、调光模块、调光面板、开关面板、触摸面板、传感器、逻辑模块、触摸屏、定时器、扩展接口等达到消费者现实预期的智能照明效果以及节约电能和延长灯光具寿命的效果。

4）音乐系统

简单地说，就在任何一间房子里，包括客厅、卧室、厨房或卫生间，均可布上背景音乐线，通过 1 个或多个音源（CD/TV/FM/MP3 音源），可以让每个房间都能听到美妙的背景音乐。

配合影视交换产品，可以用最低的成本，实现每个房间音频和视频信号的共享，而且各房间可独立遥控选择背景音乐信号源，可以实现远程开机、关机、换台、快进、快退等。

5）家庭影院系统

智能家居中的家庭影院系统是家庭环境中搭建的一个接近影院效果的可欣赏电影以及享受音乐的系统。家庭影院系统可让用户在家就可直接欣赏影院效果的电影，并还支持卡拉 OK 功能，在家就能嗨玩。

6）电器控制系统

智能家居系统中电器控制系统是指控制主机对家用电器、电源插座开关进行的一系列控制和联动。

7）智能控制系统

智能家居系统中的智能控制系统是指封装好的具有智能家居系统控制功能的控制器硬件和软件，来控制各种形式的控制器终端产品。

8）环境控制系统

智能家居系统中的环境控制系统主要指对环境、气候、温度等的控制。

（2）系统的功能

智能家居系统按系统功能来划分，包括智能控制、家庭安防和信息通信三个方面。

1）智能控制功能

智能控制功能主要包括家电控制、灯光窗帘控制、背景音乐控制、空调控制、地供暖控制和家庭影院等系统的控制，具体包括集中控制、远程控制、条件控制、情景控制和自动控制等功能。

集中控制：把住宅中所有遥控器的功能都集中在一个控制器上，使该控制器能够控制家中所有的遥控设备的控制方法。

情景控制：使用一个键把要控制的所有设备调整到指定状态的控制过程。通常称为"ONE TOUCH"。系统通过底层编程，把需要调整的设备状态储存起来，当需要把灯光等设备状态调整到已经存储的状态时，点击一个按键，即可实现对设备的情景控制。

条件控制：根据设定条件，控制一种或几种家电设备的动作的控制方式。可设定条件为时间、居室温度、亮度等。当系统检测到的条件满足设定要求时，系统主机发出信号，控制选定设备完成设置的功能。

远程控制：通过拨打家中的电话或使用手机、平板电脑等移动设备登陆控制系统，实现对家庭的所有家用电器、灯光、电源的远程控制。

自动控制：通过接入系统中的各种感应器，把实时信息反馈给主机，主机作出相应处理。比如：照度感应器可自动控制家庭的灯光，当室内日光较足时，关闭或调低灯光亮度，当室内日光较暗时，打开或调高灯光亮度。还比如：温湿度感应器，人体感应器等。

2）家庭安防功能

家庭安防功能主要包括闭路监控电视系统、门禁系统、报警系统三个方面。

一些先进的智能家居系统中，可以由远程集中录像服务器进行录像，发生报警情况时可进行远程调用录像资料，起到防破坏的作用，多见于大型报警运营商的监控系统。家庭门禁系统多应用于住宅楼的楼栋出入口，集成在门口主机之内，也有部分高档次住宅提供独门独户的门禁系统，但比较少见。家庭防盗报警系统是一种最常见、最实用的智能家居应用，被广泛应用于住宅环境中。适合住宅实用的安防探测器主要包括门窗磁、被动红外探测器、微波探测器、烟感探测器、燃气泄漏探测器、紧急按钮和玻璃破碎探测器等。

3）信息通信功能

信息通信功能是智能家居系统重要功能之一，能够给人们的生活带来便利。信息通信功能的涵盖范围比较广，主要包括信息服务功能、可视对讲功能、三表抄送功能和多媒体通信功能。

固定电话、有线电视、互联网通信是最常见也是应用最广的信息通信功能，一般由家庭多媒体系统构建，通常体现在多媒体配线箱柜。多媒体配线柜应用于高档次和面积较大的住宅当中，信息服务功能视不同的智能终端有所区别，大体上来讲主要包括信息浏览功能（如查询物业管理费、电话号码等）、语音留言功能（多通过室内分机或智能终端实现）、短信功能（如发生报警情况给业主手机发送短信）和便民服务（提供社区购物、物业维修等）功能。可视对讲系统相比多媒体系统而言算是一种内部通信系统，是很多智能家居系统具备的基本功能之一。三表抄送系统严格意义上来讲不算是信息通信功能，但大多数智能终端能够实现三表的远程抄送和计费，故归入智能家居系统。

2. 系统的作用与特性

（1）系统作用

智能家居系统是人们的一种居住环境，实现家庭生活更加安全、节能、智能、便利和舒适。以住宅为平台，利用综合布线技术、网络通信技术、智能家居系统设计方案将安全防范技术、自动控制技术、音视频技术将家居生活有关的设施集成，构建高效的住宅设施与家庭日程事务的管理系统，提升家居安全性、便利性、舒适性、艺术性，并实现环保节能的居住环境。

智能家居系统让用户轻松享受生活。出门在外，用户可以通过电话、电脑来远程遥控家居各智能系统，例如在回家的路上提前打开家中的空调和热水器；到家开门时，借助门磁或红外传感器，系统会自动打开过道灯，同时打开电子门锁，安防撤防，开启家中的照明灯具和窗帘；回到家里，使用遥控器即可方便地控制房间内各种电器设备，还可以通过智能化照明系统选择预设的灯光场景，还可以给浴池放水并自动加热调节水温，调整窗帘、灯光、音响的状态，厨房配有可视电话，用户可以一边做饭，一边接打电话或查看门口的来访者；在公司上班时，家里的情况还可以显示在办公室的计算机或手机上，随时查看；门口机具有拍照留影功能，家中无人时如果有来访者，系统会拍下照片供用户回来查询。

（2）系统特性

1）随意照明

随意照明控制，按几下按钮就能调节所有房间的照明。智能照明系统具有软启功能，能使灯光渐亮渐暗；灯光调光可实现调亮调暗功能，同时具有节能和环保的效果；全开全关功能可轻松实现灯和电器的一键全关和一键全开功能，并具有亮度记忆功能。

2）简单安装

智能家居系统可以实现简单地安装，而不必破坏隔墙，不必购买新的电气设备，系统完全可与用户家中现有的电气设备，如灯具、电话和家电等进行连接。各种电器及其他智能子系统既可在家操控，也能完全满足远程控制。

3）可扩展性

智能家居系统是可以扩展的系统。最初，智能家居系统可以只与照明设备或常用的电器设备连接，将来也可以与其他设备连接，以适应新的智能生活需要。

即便是已装修好的家居也可轻松改装为智能家居。无线控制的智能家居系统可以不破坏原有装修，只要在一些插座等处安装相应的模块即可实现智能控制，更不会对原来房屋墙面造成破坏。

4）实用性、便利性

智能家居最基本的目标是为人们提供一个舒适、安全、方便和高效的生活环境。对智能家居产品来说，最重要的是以实用为核心，摒弃掉那些华而不实，只能充作摆设的功能，产品以实用性、易用性和人性化为主。

在设计智能家居系统时，可以根据用户对智能家居功能的需求，整合以下最实用最基本的家居控制功能：包括智能家电控制、智能灯光控制、电动窗帘控制、防盗报警、门禁对讲、燃气泄漏等，同时还可以拓展诸如三表抄送、视频点播等服务增值功能。

智能家居的控制方式丰富多样，比如：本地控制、遥控控制、集中控制、手机远程控制、感应控制、网络控制、定时控制等，其本意是让人们摆脱繁琐的事务，提高效率，如果操作过程和程序设置过于繁琐，容易让用户产生排斥心理。所以在对智能家居设计时一定要充分考虑到用户体验，注重操作的便利化和直观性，最好能采用图形图像化的控制界面，使操作简单明确。

5）可靠性

整个建筑的各个智能化子系统应能 24h 运转，系统的安全性、可靠性和容错能力必须予以高度重视。对各个子系统，在电源、系统备份等方面采取相应的容错措施，保证系统正常安全使用，质量、性能良好，具备应付各种复杂环境变化的能力。

3. 系统的选购策略

在国内市场上的智能家居品牌很多，尚没有统一的技术规范，国内各种品牌和国际品牌产品都有自己的特点和优劣，采购者在选择智能家居产品时往往难以横向比较，所以应从多方面、多角度去做综合考察，主要可以把握以下几点：

（1）系统的稳定性

系统的稳定性是采购时首先需要考虑的因素。安装智能家居是为了给生活带来便利、安全、舒适的效果，如果一个智能系统的稳定性达不到要求，时不时的出现一些大大小小的问题，那么带给用户的只会是麻烦，享受智能家居将无从谈起。智能家居系统的稳定性主要包括分控模块的产品稳定、系统运行的稳定、线路结构的稳定、集成功能的稳定、运行时间的稳定等，如果一套智能家居产品在稳定性上能满足这几个要求，基本上就可以放心的选用了。

（2）功能的集成度

智能家居是对家庭设备的集中统一控制，产品核心包括通信协议、系统平台或操作系统、针对现场环境的配置解决方案。而对应的具体产品包括安防设备、照明控制设备、多媒体设备、环境控制设备等。这些设备都将集中在这个系统上，通过系统的通信协议，使各个子系统相互连接、信息互通，操作上可以相互控制。如果各个子系统都是独立运行缺乏集中控制的产品，用户使用起来会相当麻烦，是不能被称为智能家居系统的。而市面上很多厂商都是把一个或几个简单的子系统产品宣传为智能家居，所以选购时除了了解各个子系统的组件功能外，更应详细询问整个系统的集成性能。

（3）系统的简洁性

如果选用智能家居系统，在房屋装修设计阶段就必须做相应考虑，与家居布线同时进行安装。为实现相同的功能，需要配置的系统越简单，意味着整个系统集成度越高，技术含量也越高。所谓的"简单"包含实现相同的功能所需要的模块数量、整个系统的容量限制、模块所控制设备的数量，以及布线的简洁性等几个方面的问题。可以说系统简洁与否能够综合体现智能家居产品的集成性、耐用性、美观性，以及厂家的设计实力。

（4）系统的适用性

不管什么品牌的智能家居产品，关键是要满足自己的需求。整个系统使用的模块越多，复杂程度越高，价格也越昂贵，日后发生故障的可能性也越高，相应的维护成本也高。所以应该坚定的从自身需求出发，考虑各种功能日后的使用频率，适当精简掉一些华而不实的功能，将可以大幅节约成本。此外选购时还需考虑系统操控界面是否友好，以及不同用户的使用习惯差别。如此智能家居系统才能真正发挥作用，为用户的生活提供方便。

（5）系统的扩展性

智能家居仍是一种新兴产品，各厂商使用的技术各不相同，缺少统一规范。而且相关技术的发展速度十分迅猛，现有的技术可以说仍属过渡性的技术。所以建议用户选择兼容性好，采用国际通用协议的产品，较为成熟的国际通用协议有 LonWorks、X-10 等。

（6）系统的自我保护性

智能家居系统在受到恶意攻击或请求关键数据外传时会采取什么样的处理方法，系统以什么样的形式保护系统的安全（有些家居系统会试图关闭系统，但是有一些设备是不能停止运行的，如电表），对连入网络的设备的上下行数据监管程度，降低系统数据散落量。

3.1.8　智慧城市建设中的新设备

智慧城市就是运用信息和通信技术手段感测、分析、整合城市运行核心系统的各项关键信息，从而对包括民生、环保、公共安全、城市服务、工商业活动在内的各种需求做出智能响应。其实质是利用先进的信息技术，实现城市智慧式管理和运行，进而为城市中的人创造更美好的生活，促进城市的和谐、可持续成长。

随着人类社会的不断发展，未来城市将承载越来越多的人口。目前，我国正处于城镇化加速发展的时期，部分地区"城市病"问题日益严峻。为解决城市发展难题，实现城市可持续发展，建设智慧城市已成为当今世界城市发展不可逆转的潮流。

1. 智慧城市的核心技术

（1）物联网

物联网是一个基于互联网、传统电信网等信息承载体，让所有能够被独立寻址的普通物理对象实现互联互通的网络。它具有普通对象设备化、终端互联化和服务智能化三个重要特征。

物联网为智慧城市提供了坚实的技术基础。物联网为智慧城市提供了城市的感知能力，并使得这种感知更加深入、智能。通过环境感知、水位感知、照明感知、城市管网感知、移动支付感知、个人健康感知、无线城市门户感知、智能交通的交互感知等，智慧城市才能实现市政、民生、产业等方面的智能化管理。物联网的主要目标之一是实现智慧城市，许多基于物联网的产业和应用都是服务于智慧城市的主流应用的。换句话说，智慧城市是物联网的靶心。

（2）云计算

云计算是一种基于网络的支持异构设施和资源流转的服务供给模型，侧重于信息的处理与存储，通过平台进行数据整合，实现协同工作。云计算可以实现资源的按需分配、按量计费，达到按需索取的目标，最终促进资源规模化，促使分工的专业化，有利于降低单位资源成本，促进网络业务创新。

智慧城市是以多应用组成的复杂综合体。多个应用系统之间存在信息共享、交互的需求。各不同的应用系统需要共同抽取数据综合计算和呈现综合结果。如此众多复杂的系统需要多个强大的信息处理中心进行各种信息的处理。

要从根本上支撑庞大系统的安全运行，需要考虑基于云计算的网络架构，建设智慧城市云计算数据中心。在满足上述需求的同时云计算数据中心具备传统数据中心、单应用系统建设无法比拟的优势，拥有随需应变的动态伸缩能力以及极高的性能投资比。

（3）移动互联网

移动互联网正逐渐渗透到人们生活的各个领域，作为最便捷、最时尚、最值得信赖的技术和业务，其正在深刻地改变着信息时代的生活，也给城市的发展带来全新的活力和动力。移动互联网侧重基于移动互联的智能终端应用，是智慧城市的主要展现手段。

2. 智慧城市建设路径

随着世界大部分人口纷纷涌入城市地区，对城市居民而言，智慧城市的基本要件就是能轻松找到最快捷的出行路线，供水供电有保障，生活更便捷且更加安全。如今的消费者正日益占据主导地位，他们希望自己对生活质量的要求能够得到满足。

（1）智慧公共服务

建设智慧公共服务和城市管理系统。通过加强就业、医疗、文化、安居等专业性应用系统建设，通过提升城市建设和管理的规范化、精准化和智能化水平，有效促进城市公共资源在全市范围共享，积极推动城市人流、物流、信息流、资金流的协调高效运行，在提升城市运行效率和公共服务水平的同时，推动城市发展转型升级。

（2）智慧社会管理

完善面向公众的公共服务平台建设。建设市民呼叫服务中心建设，拓展服务形式和覆盖面，实现自动语音、传真、电子邮件和人工服务等多种咨询服务方式，逐步开展生产、生活、政策和法律法规等多方面咨询服务。开展司法行政法律帮扶平台、职工维权帮扶平台等专业性公共服务平台建设，着力构建覆盖全面、及时有效、群众满意的服务载体。进一步推进社会保障卡（市民卡）工程建设，整合通用就诊卡、医保卡、农保卡、公交卡、健康档案等功能，逐步实现多领域跨行业的"一卡通"智慧便民服务。

（3）加快推进面向企业的公共服务平台建设

继续完善政府门户网站群、网上审批、信息公开等公共服务平台建设，推进"网上一站式"行政审批及其他公共行政服务，增强信息公开水平，提高网上服务能力；深化企业服务平台建设，加快实施劳动保障业务网上申报办理，逐步推进税务、工商、海关、环保、银行、法院等公共服务事项网上办理；推进中小企业公共服务平台建设，按照"政府扶持、市场化运作、企业受益"的原则，完善服务职能，创新服务手段，为企业提供个性化的定制服务，提高中小企业在产品研发、生产、销售、物流等多个环节的工作效率。

（4）智慧安居服务

开展智慧社区安居的调研试点工作，选取部分居民小区为先行试点区域，充分考虑公共区、商务区、居住区的不同需求，融合应用物联网、互联网、移动通信等各种信息技术，发展社区政务、智慧家居系统、智慧楼宇管理、智慧社区服务、社区远程监控、安全管理、智慧商务办公等智慧应用系统，使居民生活"智能化发展"。

（5）智慧教育文化服务

积极推进智慧教育文化体系建设。建设完善教育城域网和校园网工程，推动智慧教育事业发展，重点建设教育综合信息网、网络学校、数字化课件、教学资源库、虚拟图书馆、教学综合管理系统、远程教育系统等资源共享数据库及共享应用平台系统。积极推进先进网络文化的发展，加快新闻出版、广播影视、电子娱乐等行业信息化步伐，加强信息资源整合，完善公共文化信息服务体系。构建旅游公共信息服务平台，提供更加便捷的旅游服务。

（6）智慧服务应用

智慧物流：配合综合物流园区信息化建设，推广射频识别（RFID）、多维条码、卫星定位、货物跟踪、电子商务等信息技术在物流行业中的应用，加快基于物联网的物流信息平台及第四方物流信息平台建设，实现物流政务服务和物流商务服务的一体化。

智慧贸易：通过自建网站或第三方电子商务平台，开展网上询价、网上采购、网上营销、网上支付等电子商务活动，创新服务方式，提高服务层次。鼓励发展以电子商务平台为聚合点的行业性公共信息服务平台，重点发展集产品展示、信息发布、交易、支付于一体的综合电子商务企业或行业电子商务网站。

智慧服务业：积极通过信息化深入应用，改造传统服务业经营、管理和服务模式，加快向智能化现代服务业转型，加快推进现代金融、服务外包、高端商务、现代商贸等现代服务业发展。

（7）智慧健康保障体系建设

重点推进"数字卫生"系统建设。建立卫生服务网络和城市社区卫生服务体系，构建全市区域化卫生信息管理为核心的信息平台，促进各医疗卫生单位信息系统之间的沟通和交互。以医院管理和电子病历为重点，建立全市居民电子健康档案；以实现医院服务网络化为重点，推进远程挂号、电子收费、数字远程医疗服务、图文体检诊断系统等智慧医疗系统建设，提升医疗和健康服务水平。

（8）智慧交通

建设"数字交通"工程，通过监控、监测、交通流量分布优化等技术，完善公安、城管、公路等监控体系和信息网络系统，建立以交通诱导、应急指挥、智能出行、出租车和公交车管理等系统为重点的、统一的智能化城市交通综合管理和服务系统建设，实现交通信息的充分共享、公路交通状况的实时监控及动态管理，全面提升监控力度和智能化管理水平，确保交通运输安全、畅通。

（9）积极推进智慧安全防控系统建设

充分利用信息技术，完善和深化"平安城市"工程，深化对社会治安监控动态视频系统的智能化建设和数据的挖掘利用，整合公安监控和社会监控资源，建立基层社会治安综合治理管理信息平台；积极推进市级应急指挥系统、突发公共事件预警信息发布系统、自然灾害和防汛指挥系统、安全生产重点领域防控体系等智慧安防系统建设；完善公共安全应急处置机制，实现多个部门协同应对的综合指挥调度，提高对各类事故、灾害、疫情、案件和突发事件防范和应急处理能力。

（10）建设信息综合管理平台建设

提升政府综合管理信息化水平；提高政府对土地、海关、财政、税收等专项管理水平；强化工商、税务、质监等重点信息管理系统建设和整合，推进经济管理综合平台建设，提高经济管理和服务水平；加强对食品、药品、医疗器械、保健品、化妆品的电子化监管，建设动态的信用评价体系，实施数字化食品药品放心工程。

第 2 节　给水排水与供暖工程中的新材料和新设备

3.2.1　新型给水、排水和热水管材

给水、排水和热水管材有以下几种：硬聚氯乙烯管（UPVC）、芯层发泡管（PSP）、硬聚氯乙烯消音管、高密度聚乙烯管（HDPE）、交联聚乙烯管（PEX）、铝塑复合管（PAP）、无规共聚聚丙烯管（PPR）、薄壁不锈钢给水管。

1. 硬聚氯乙烯管（UPVC）

在世界范围内，硬聚氯乙烯管道（UPVC）是各种塑料管道中消费量最大的品种。采用这种管材，可对我国钢材紧缺、能源不足的局面起到积极的缓解作用，经济效益显著。主要特点：

（1）化学腐蚀性好，不生锈。

（2）内壁光滑，流体输送能力比铸铁管高 43.7%。

（3）价格低廉。

（4）质量轻，易扩口、粘接、弯曲、焊接。

主要应用领域：建筑给水排水管道系统、建筑雨水系统。

2. 芯层发泡管（PSP）

芯层发泡管是采用三层共挤出工艺生产的，内外两层与普通 UPVC 管相同，中间是相对密度为 0.7～0.9 低发泡层的一种新型管材。在结构上利用了材料力学中 I 型结构原

理，具有吸能隔声效果的发泡芯层。主要特点：

（1）较实壁管材可节省原料 25％以上，口径越大时节省原料越多。

（2）发泡芯层使其内壁抗压能力大大提高。

（3）发泡芯层能有效阻隔噪声传播，更利于高层建筑排水系统。

（4）抗冲击强度显著提高：其环向刚度为普通 UPVC 管的 8 倍。

主要应用领域：民用建筑的排水系统；工业防护及输送液体；农业微孔灌溉、排灌。

3. 硬聚氯乙烯（UPVC）消声管

UPVC 消声管内壁带有六条三角凸形螺旋线，使下水沿着管内壁自由连续呈螺旋状流动；消声管的独特结构可以使空气在管中央形成气柱直接排出，没有必要另外设置专用通气管；消声管使高层建筑排水通气能力提高 10 倍，排水量增加 6 倍，噪声比普通 UPVC 排水管和铸铁管低 30～40dB。

应用领域：主要用于排水管道系统，特别是高层建筑排水管道系统。

4. 高密度聚乙烯管（HDPE）

高密度聚乙烯管以它的优秀的化学性能、韧性、耐磨性以及低廉的价格和安装费受到管道界的重视，它是仅次于聚氯乙烯，使用量占第二的塑料管道材料；高密度聚乙烯管（HDPE）双壁波纹管是一种用料省、刚性高、弯曲性优良，具有波纹状外壁、光滑内壁的管材。双壁管较同规格同强度的普通管可省料 40％，具有高抗冲、高抗压的特性，发展很快。

应用领域：广泛用作排水管、污水管、地下电缆管、农业排灌管。

5. 交联聚乙烯管（PEX）

交联聚乙烯管由于具有很好的卫生性和综合力学物理性能，被视为新一代的绿色管材。主要特点：

（1）不生锈，耐化学品腐蚀性很好。

（2）质地坚实而有耐性，抗内压强度高。

（3）管材内壁的张力低，可有效防止水垢。

（4）管材内壁光滑，流体流动阻力小，水力学特性优良。

应用领域：可应用于建筑冷热水及饮用水管道系统。

6. 铝塑复合管（PAP）

铝塑复合管（PAP）是一种集金属与塑料优点为一体的新型管材。外壁和内壁为化学交联聚乙烯，中间为一层约 0.3mm 薄铝板焊接管，铝管与内外层聚乙烯之间各有一层胶粘剂牢固粘接。主要特点：耐腐蚀、流阻小、隔阻性好、密度高、安装简便。

主要应用领域：自来水、供暖及饮用水供应系统。

7. 无规共聚聚丙烯管（PPR）

无规共聚聚丙烯管是欧洲近几年开发出来的新型塑料管道产品，PPR 原料属聚烯烃，其分子中仅有碳、氢元素，无毒性、卫生性能可靠。PPR 在原料生产、制品加工、使用及废弃全过程均不会对人体及环境造成不利影响，与交联聚乙烯管材共同成为绿色建材。PPR 管除具有一般塑料管材质量轻、强度好、耐腐蚀、使用寿命长等优点外，还有以下特点：耐热保温弹性好、防冻裂环保性能好，线膨胀系数较大，为 $0.14～0.16mm/(m \cdot K)$。

主要用于公共及民用建筑用于输送冷热水、供暖系统。

8. 薄壁不锈钢给水管

薄壁不锈钢给水管，一般采用 SUS304（06Cr19Ni10）、SUS304L（022Cr19Ni10）、SUS316（06Cr17Ni12Mo2）、SUS316L（022Cr17Ni12Mo2）等材质，按耐氯离子的腐蚀强度而言，依次增强。不锈钢的所谓不锈是相对的，其致命弱点是与含高浓度氯离子的物件的直接接触；低碳型不锈钢的耐腐蚀能力较高碳型有一定增强。管材主要特点：

（1）卫生健康，更能杜绝水的二次污染。

（2）选材讲究，所有原材料采用牌号为 304、304L、316、316L，均符合《冷轧不锈钢板及钢带》JIS G 4305：2012 要求。

（3）经久耐用，使用寿命可达 100 年，寿命周期内几乎不需要维护。

（4）耐高温、耐高压，可以在 $-270\sim400$℃的温度下长期安全工作，抗拉强度大于 530N/mm。

（5）节能环保，内壁光滑，水阻非常小，减少了压力损失，降低了输送成本。由于不锈钢的热膨胀系数低，在热水管道中有效地降低了热能损耗。不锈钢材料是 100% 可以再生的材料，不会给环境造成公害。

不锈钢水管的连接方式有卡压式连接、沟槽式连接与焊接式连接。安装主要特点：

（1）安装简单，无需加工螺纹或依赖管的壁厚进行连接，避免了难以控制的人为因素。

（2）具有省工、省时、省料、省工具、省场地、环保、可持续利用等诸多优点。

（3）安装风险低，适合各种安装环境，可重复使用，环保节能。

（4）不泄露、防振、防热胀冷缩，使用安全，耐用可靠。

主要应用领域：不锈钢管可广泛用于冷水、热水、饮用净水、空气、燃气、医用气体、石油、化工、水处理等管道系统。

3.2.2　新型卫生器具设备

卫生器具的材质，使用最多的是陶瓷、搪瓷生铁、搪瓷钢板，还有水磨石等。随着建材技术的发展，国内已相继推出了玻璃钢、人造大理石、人造玛瑙、不锈钢等新材料。卫生洁具五金配件的加工技术，也有一般的镀铬处理，发展到用各种手段进行高精度加工，已获得造型美观、节能、消声的高档产品。

1. 卫生器具的种类及用途

卫浴器具的种类繁多，但对其共同的要求是表面光滑、不透水、耐腐蚀、耐冷热、易于清洗和经久耐用。室内装饰对卫生洁具的色调和装饰效果有较高的要求。产品的水平体现在品种、造型、结构、功能及色调等方面。一套设计符合人体工学原理而且功能齐全、颜色搭配协调的卫浴设备，是每个家庭的追求。

（1）面盆

面盆可分为挂式、立柱式、台式三种。

台式：又分为修边式台上面盆和台下式面盆。修边式台上面盆直接安装在台上，可修饰台面；台下式是配合坚固台面材料，安装在台面下的面盆。

悬挂式：又称挂墙式，这种面盆要在装修时砌起一道矮墙，将水管包入墙体中。

立柱式：是引人注目的视觉焦点，其面盆下空间开阔，易于清洁。

目前，市场上较多的是悬挂式洗面器，采用支架固定在墙壁上，洗面用的新型龙头，增加了钢网，能感压，使水流到皮肤上轻柔舒适。较高级的单把拨摆式冷热水调和式水龙头，有的安装高温限制安全器，能避免高温对人体的烫伤；有的靠红外线感应自动开闭式水龙头，防止洗手后触碰开关二次污染。特别是一些较高档的排水使用金属提拉式排水组件，替代了排水器用强链式橡胶塞。

（2）洗脸盆

洗脸盆按形状分有角型洗脸盆和立式洗脸盆。

角型洗脸盆：由于角型洗脸盆占地面积小，一般适用于较小的卫生间，安装后使卫生间有更多的回旋余地。

立式洗脸盆：适用于面积不大的卫生间。它能与室内高档装饰及其他豪华型卫生洁具相匹配。

洗脸盆按材料种类可分为陶瓷脸盆、不锈钢脸盆、磨光黄铜脸盆、加强玻璃脸盆和改造的石材脸盆。

陶瓷脸盆：是使用最普遍的材料。

不锈钢脸盆：磨光的不锈钢与现代的电镀水龙头极为相配，但是镜面的表层容易刮花，所以对使用次数多的用户，不妨选购刷光的不锈钢材料。

磨光黄铜脸盆：为免褪色，黄铜需要磨光，表面漆上保护层，防刮花及防水。平日只需要用软布加上没有磨损力的清洁剂，便能保持清洁。

加强玻璃脸盆：厚而安全，防刮且耐用，有很好的反射效果，适宜木台面配置。

改造的石材脸盆：石粉加入了颜色及树脂，制造出如天然云石般光滑的物料，但比云石更坚硬和防污，而且有更多的款式可供选择。

（3）坐便器

高档的坐便器在排污时呈缸吸漩涡式转动冲水，无响声、无臭味。中档的多用缸吸式，有底部出水和横向后排两种。新型的坐便器还带有保温和净身功能。

按水箱与坐便器连接方式可分高位、低位和连体三种。高位是传统方式，现除蹲厕外均不采用此方式。低位方式经常被医院及学校采用，因为水箱与坐便器是分离的，没有衔接缝隙因而积尘可以彻底清洗干净。连体式是水箱紧靠在坐便器之上，外形较美观。另有水箱与坐便器一体成型的单体坐便器。

按排水方式可分为冲洗式和虹吸式两种。冲洗式是水箱里的水利用重力将排泄物排除，同时将坐便器冲洗干净。虹吸式是由两个S型弯管利用重力及吸力来完成清洁工作。

按出水位置可分后去水式及地去水式。后去水式便于清洁保养，通用于欧洲、我国香港地区。地去水式固定之后较难维修与清洁，但外形较美观。

（4）浴缸

浴缸是高档卫生间的设备之一，产品有仿大理石、铸铁、钢板、磨砂、玻璃钢板等多种材质，形状花样繁多。按洗浴方式可分为坐浴缸和躺浴缸；按功能可分为泡澡浴缸和按摩浴缸。按材质可分为压克力浴缸、钢板浴缸、铸铁浴缸等。除了传统的浴缸外，又衍生出按摩浴缸、电脑蒸汽房、淋浴房、电脑多功能淋浴房、水力按摩系统、桑拿房、药浴等。其中桑拿蒸汽房，是将桑拿浴与蒸汽浴合二为一，可以在同一房体内享受两种不同的感觉。同时使房体由桑拿房和蒸汽房合并为一间房体，大大节约了有限的空间，配以专用温控器，可以把桑拿蒸汽的温度控制在理想的水平。药浴器采用喷头式设计，受浴者仅让躯体受到蒸汽熏蒸，完全免除传统桑拿浴头部受蒸熏之苦。冲浪按摩则是通过强劲有力的按摩喷嘴，模仿被海浪冲刷的感觉。

（5）冲淋房

冲淋房由门板和底盆组成。冲淋房门板按材料分有 PS 板、FRP 板和钢化玻璃三种。冲淋房所占面积小，适用于淋浴。

（6）净身盆

净身盆为女性专用，目前国内家居使用较少。

（7）小便斗

小便斗为男性专用，现在在家具装饰装修中使用频率日渐增多。

（8）五金配件

五金配件形式花样各异，除了上述提到的洁具配件外还包括各种水嘴、玻璃托架、毛巾架（环）、皂缸、手纸缸、浴帘、防雾镜等。

2. 卫生器具设备的发展趋势

（1）节水

节水高性能是便器发展的大趋势。现自然水力 4.5/2.9L 双挡超节水坐便器（50mm 超大管径）、免冲水小便器均有生产，特殊结构的射流式、翻斗排污式节水坐便器也能批量生产。

（2）绿色

绿色建筑卫生陶瓷是指在原料采用、产品制造、使用或再循环以及废料处理等环节中对地球环境负荷小和有利于人类健康的建筑卫生陶瓷制品。凡是通过环境标志产品认证、贴有十环认证的建筑卫生陶瓷产品应当优先选用。

（3）装饰

卫生陶瓷传统上采用生料釉，一次烧成。现在高档卫生陶瓷已将日用瓷的装饰工艺引入卫生瓷生产，把一次烧成后的卫生瓷再描金、贴花、彩绘后二次烧成（彩烧），显得产品雍容华贵、仿古典雅。

（4）清洁卫生

1）自洁釉面：平滑度高，或用纳米材料涂层，形成表面憎水层，使产品表面有自洁功能，不挂水、不挂污、不结垢，卫生性能提高。

2）抗菌制品：卫生瓷釉中加入银、二氧化钛等材料，有杀菌功能或在光催化下有杀菌功能，可避免表面滋生细菌或霉变，提高卫生性。

3）坐便器配有换垫纸装置：垫纸盒装置装在公共卫生间的坐便器上，可方便地更换垫纸，安全卫生。

（5）多功能化

国外有在坐便器上装自动验尿装置、负离子发生器、香味散发器和 CD 装置等，提高了坐便器的功能性和使用时的愉悦性。

（6）时尚化

高档卫生陶瓷系列产品，或简约或豪华，均强调要有鲜明的个性，但又不失健康舒适，这就是时尚。

1）近年出现的放置于柜面上的洗面器造型各异，内外面上可绘有极具个性化的图案。此洗面器也有溢水道，水不会溢出，实际使用性能优于同类的玻璃洗面器。

2）各种洗面器与梳妆台的结合，既时尚、又实用，成为发展的趋向。

3）类似于洗面器的理发店专用的洗头盆使人可仰卧洗头，更舒适。

（7）产品换代

1）陶瓷浴缸因笨重、费料、易碎，已趋淘汰，被压克力、铸铁搪瓷、钢板搪瓷等材质所取代。

2）陶瓷淋浴盆笨重、易碎，已趋被压克力、钢板搪瓷材质取代。

3）落地式陶瓷小便器笨重、费料、易溅尿，已趋于被挂式陶瓷小便器取代。

4）带冲洗、烘干的座便圈（洁身器），功能日益完善，使坐便器兼有净身器的功能，实际使用还优于净身器，使陶瓷净身器有被淘汰之势。

5）陶瓷洗涤槽笨重、易碎，已趋被不锈钢板、钢板搪瓷、压克力等材质所取代。

6）挂式坐便器省料、省地、地面易清洁，国外使用较多，国内也逐渐发展使用。

3.2.3　燃气热水采暖炉设备

燃气热水采暖炉，是指利用燃气燃烧把水加热到一定温度，通过暖气管道、散热器来实现供暖要求的热水锅炉，属于民用生活锅炉的范畴。燃气热水锅炉的关键部件有燃烧器、控制器等。

1. 燃气热水采暖炉的特点

（1）电脑式热水锅炉控制器，所有的功能被存储在一张智能芯片上，锅炉一键开机，全自动定时、定温运行，用户可以设定启、停炉时间，设置完成后，不需专人值守，省事、省力。

（2）配置自动化程度高的燃烧器，按照控制器指令自动吹扫，自动点火，自动燃烧，风油（气）比例自动调节。此设备性能安全稳定，燃烧效果好。

（3）火管内插有阻燃扰流片，减缓排烟速度，加强换热，烟室排出的烟气温度低，减少热损失，节省燃料。

（4）大字体显示水温，方便掌握锅炉及系统的运行状况，水温从10℃到90℃可以随意设置，锅炉全自动向系统供暖或为用户提供生活、洗浴用热水。

（5）控制系统根据炉水温度控制循环泵的启停，炉水达到设定上限水温时热水循环泵启动，低于设定下限水温时热水循环泵停止。

（6）卧式燃油燃气热水锅炉为三回程全湿背式结构，采用大炉膛、粗烟管设计，增大炉膛辐射吸热量，有效节能降耗。采用螺纹烟管和波形炉胆，大大加强了传热效果，大大节省了燃料耗量。

（7）整机同时配备过热保护（炉内水温超高时，燃烧器自动停止工作并蜂鸣报警）、二次过热保护（锅炉外壳温度超过105℃时，自动切断二次回路）、防干烧缺水保护（炉水低于极低水位时，锅炉停止工作并发出蜂鸣报警）、锅炉漏电保护（控制系统检测到电器漏电、短路后，将自动切断电源）。

（8）锅炉按常压结构设计，锅炉处于无压状态，毫无安全危险。

（9）采用高级离心玻璃棉多层保温，名优白色彩钢板作外包装，热损失少、美观抗锈。

（10）供暖用燃气热水锅炉/燃气采暖锅炉广泛适用于家庭、别墅、医院、学校、宾馆、酒店、健身中心、洗浴中心等企事业单位。

2. 燃气热水采暖炉的分类

燃气热水炉的主要控制参数包括热效率、额定热负荷（热输入）、额定热输出、供暖出水温度、生活出水温度、生活产热水能力、供暖系统工作压力、输入电功率和外形尺寸等。

按适用的燃气种类分人工煤气、天然气和液化石油气。

按用途分类分为单供暖型和两用型。

按给气排气安装方式分为自然给气排气、强制给气、强制排气。

按结构形式分为密闭式和敞开式。

3. 燃气热水采暖炉的选用

（1）采暖耗热量应按现行国家标准《工业建筑供暖通风与空气调节设计规范》GB 50019 和现行行业标准《严寒和寒冷地区居住建筑节能设计标准》JGJ 26 的规定计算。可参考《燃气采暖热水炉应用技术规程》T/CECS 215—2017。

（2）应优先选择燃烧系数（空气供应、燃烧室、换热器和燃烧产物的排放）与安装房间隔绝的密闭式采暖热水炉。

（3）结构形式应根据安装条件选择快速式（板式换热器或套管式换热器，壁挂式安装）或容积式（盘管式换热器，落地式安装）。

（4）采暖热水炉应符合现行国家标准《燃气燃烧器安全技术条件》GB 16914 和现行行业标准《家用燃气燃烧器具结构通则》CJ 131 的规定。

（5）当需要提供较低温度和较小温差热水时（如热水地板供暖或风机盘管系统），应注意解决烟气冷凝水和循环水泵流量不足的问题。

（6）应严格选择有较高安全保障和较好维修服务保障的产品。

4. 燃气热水采暖炉的安装使用要求

（1）燃气热水炉的安装应参考现行国家标准《燃气燃烧器具安全技术条件》GB 16914 和现行行业标准《家用燃气燃烧器具安装及验收规程》CJJ 12 调整内容。

（2）燃气炉安装必须有经过专业培训并执有安装许可证的人员进行，施工安装时应有标示和记录。

（3）燃气炉应安装在不燃的地板或墙壁上，如需要设置在可燃、难燃地板或墙壁上时，应采取有效的防火隔热措施。

（4）使点火前认真检查锅炉与系统内的水是否加满，排气是否通畅。

（5）检查燃气管道有无漏气（用肥皂水）、燃气种压力是否与本锅炉匹配。

（6）使用 220V/50Hz 交流电，使用原装的电源插头，燃气采暖热水炉必须可靠接地，以确保安全。

（7）燃气采暖热水炉的安装和维修服务必须由专业人员完成。

（8）使用燃气采暖热水炉时，必须注意通风换气。

（9）出现故障时，请关闭气源和电源，对照产品的使用说明书检查，排除故障后再重新启动。如果故障反复出现，通知专业维修人员维修。

（10）在可能结冰的环境条件下，必须保持给燃气采暖热水炉通电和通燃气，以使燃气采暖热水炉的防冻和防卡死功能起作用。

（11）如果长时间不用燃气采暖热水炉，请关闭气源和切断电源，在可能结冰的环境下，必须将燃气采暖热水炉及管道内的水排干净，以防止结冰冻坏。

（12）安装专职和自动调节装置，在设备的整个使用期间都不得擅自更改。

3.2.4　太阳能热水系统

太阳能热水系统是利用太阳能集热器，收集太阳辐射能把水加热的一种装置，是目前太阳热能应用发展中最具经济价值、技术最成熟且已商业化的一项应用产品。

1. 太阳能热水系统的优势

（1）环保。相对于使用化石燃料制造热水，能减少对环境的污染及温室气体——二氧化碳的产生。

（2）节省能源。太阳能是属于每个人的能源，只要有场地与设备，任何人都可免费使用它。

（3）安全。不像使用燃气有爆炸或中毒的危险，或使用燃料油锅炉有爆炸的顾虑，或使用电力会有漏电的可能。

（4）不占空间。不需专人操作自动运转。另外，太阳能集热器装在屋顶上，不会占用任何室内空间。

（5）有一定的经济效益。正常的太阳能热水器不易损坏，寿命至少在 10 年以上，甚至有到 20 年的，因为基本热源为免费的太阳能，所以使用它十分符合经济成本效益。

2. 太阳能热水系统组成

太阳能热水系统是由集热器、保温水箱、连接管路、控制中心和热交换器等组成，系统的结构如图 3-10 所示。

（1）集热器

系统中的集热元件，其功能相当于电热水器中的电加热管。和电热水器、燃气热水器不同的是，太阳能集热器利用的是太阳的辐射热量，故加热时间只能在有太阳照射的白昼，所以有时需要辅助加热，如锅炉加热、电加热等。

（2）保温水箱

因为太阳能热水器只能白天工作，而人们一般在晚上才使用热水，所以必须通过保温水箱把集热器在白天产出的热水储存起来。采用搪瓷内胆承压保温水箱，保温效果好，耐腐蚀，水质清洁，使用寿命可长达 20 年以上。

（3）连接管路

连接管路是将热水从集热器输送到保温水箱、将冷水从保温水箱输送到集热器的通道，使整套系统形成一个闭合的环路。设计合理、连接正确的循环管道对太阳能系统是否能达到最佳工作状态至关重要。热水管道必须做保温防冻处理。管道必须有很高的质量，保证有 20 年以上的使用寿命。

（4）控制中心

太阳能热水系统与普通太阳能热水器的区别就是控制中心。作为一个系统，控制中心负责整个系统的监控、运行、调节等功能，现有技术已经可以通过互联网远程控制系统的正常运行。

太阳能热水系统控制中心主要由电脑软件及变电箱、循环泵组成。

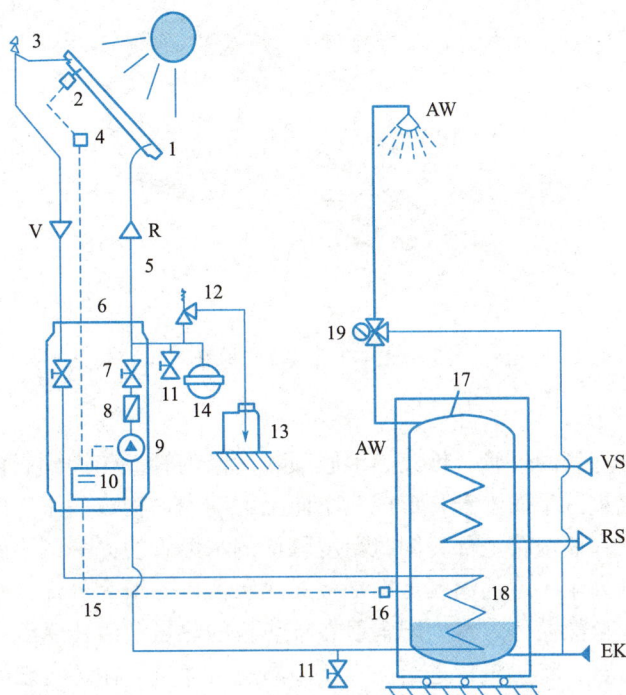

图 3-10　太阳能热水系统的结构图

1—集热器；2—集热器温度传感；3—排气装置；4—过载保护；5—管路和保温层；6—太阳能工作站；
7—止回阀；8—冷水止落阀；9—循环泵；10—控制器；11—系统导热介质注入口；
12—安全阀；13—接收罐；14—膨胀罐；15—控制线路；16—水箱温度传感器；
17—水箱；18—导热盘管；19—恒温调节阀

（5）热交换器

板壳式全焊接换热器吸取了可拆板式换热器高效、紧凑的优点，弥补了管壳式换热器换热效率低、占地大等缺点。板壳式换热器传热板片呈波状椭圆形，圆形板片增加加热长度，大大提高传热性能，广泛用于高温、高压条件的换热工况。

3. 太阳能热水系统工作原理

阳光穿过吸热管的第一层玻璃照到第二层玻璃的黑色吸热层上，将太阳光能的热量吸收，由于两层玻璃之间是真空隔热的，热量不能向外传，只能传给玻璃管里面的水，使玻璃管内的水加热，加热的水沿着玻璃管受热面往上进入保温储水桶，桶内温度相对较低的水沿着玻璃管背光面进入玻璃管补充，如此不断循环，使保温储水桶内的水不断加热，从而达到加热水的目的。

太阳能热水器把太阳光能转化为热能，将水从低温度加热到高温度，以满足人们在生活、生产中的热水使用。太阳能热水器按结构形式分为真空管式太阳能热水器和平板式太阳能热水器，目前真空管式太阳能热水器为主，占据国内 95％的市场份额。真空管式家用太阳能热水器是由集热管、储水箱及支架等相关附件组成，把太阳能转换成热能主要依靠集热管。集热管利用热水上浮冷水下沉的原理，使水产生微循环而产生所需热水。真空管工作原理如图 3-11 所示。

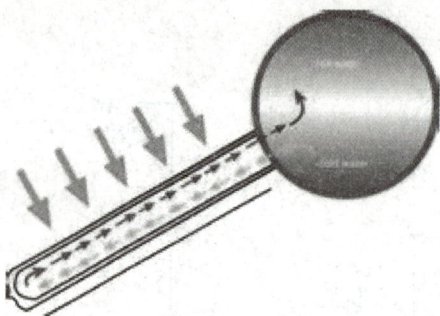

图 3-11　真空管工作原理

（1）吸热过程

太阳辐射透过真空管的外管，被集热镀膜吸收后沿内管壁传递到管内的水。管内的水吸热后温度升高，比重减小而上升，形成一个向上的动力，构成一个热虹吸系统。随着热水的不断上移并储存在储水箱上部，同时温度较低的水沿管的另一侧不断补充如此循环往复，最终整箱水都升高至一定的温度。而平板式热水器，一般为分体式热水器，介质在集热板内因热虹吸作用自然循环，将太阳辐射在集热板的热量及时传送到水箱内，水箱内通过热交换（夹套或盘管）将热量传送给冷水。介质也可通过泵循环实现热量传递。

（2）循环方式

家用太阳能热水器通常按自然循环方式工作，没有外在的动力。真空管式太阳能热水器为直插式结构，热水通过重力作用提供动力。平板式太阳能热水器通过自来水的压力（称为顶水）提供动力。而太阳能集中供热系统均采用泵循环。由于太阳能热水器集热面积不大，考虑到热能损失，一般不采用管道循环。

（3）顶水工作

平板式太阳能热水器为顶水方式工作，真空管太阳能热水器也可实行顶水工作的方式，水箱内可以采用夹套或盘管方式。顶水工作的优点是供水压力为自来水压力，比自然重力式压力大，尤其是安装高度不高时，其特点是使用过程中水温先高后低，容易掌握，使用者容易适应，但是要求自来水保持供水能力。顶水式工作的太阳能热水器比重力式热水器成本多，价格高。

4. 太阳能热水系统的分类

太阳能热水系统由：集热部分、储热部分、用热部分、控制和辅助四部分，根据这四部分的不同组合和集热系统的不同运行方式进行分类。

（1）按太阳能热水系统的集热系统与储热水箱换热方式分类

太阳能热水系统可分为直接式热水系统（一次循环系统）和间接式热水系统（二次循环系统）。直接式热水系统是指在太阳能集热器中直接加热储热水箱中的水；间接式热水系统是指在太阳能集热器加热某种传热工质，再利用该传热工质通过热交换器加热储热水箱中的水。

（2）根据太阳能集热器与储热水箱间集热循环方式分类

太阳能热水系统可分为直流系统、自然循环系统和强制循环系统。

直流系统传热工质一次通过集热器加热后，便进入储水箱的非循环太阳能热水系统，储水箱的作用仅为储存集热器所排放的热水。直流系统一般可采用机械式温控阀或电控温控器控制方式。

自然循环系统是指利用传热工质内部的温度梯度产生的密度差所形成的自然对流进行循环的太阳能热水系统。在自然循环系统中，为了保证必要的热虹吸压差，储水箱应高于太阳能集热器上部，这种系统结构简单不需要附加动力，属于直接式太阳能热水系统。

强制循环系统是利用机械设备等外部动力迫使传热工质通过太阳能集热器进行循环加热的太阳能热水系统，它可以是直接式系统也可以是间接式系统。

（3）按太阳能集热器中工质是否承压（是否和大气相通）分类

太阳能热水系统可分为开式集热太阳能热水系统和闭式集热太阳能热水系统。

（4）按有无辅助热源分类

太阳能热水系统可分为有辅助热源太阳能热水系统和无辅助热源太阳能热水系统。有辅助热源太阳能热水系统是指太阳能和其他水加热设备联合使用提供热水，在没有太阳能时，仅依靠系统配备的其他能源的水加热设备也能提供建筑物所需热水的系统。随着人们生活水平的提高，人们对生活热水的供应质量要求越来越高，辅助热源已经是太阳能热水必不可少的部分；无辅助热源太阳能热水系统是指仅依靠太阳能来提供热水的系统。

（5）根据热水使用情况分类

太阳能热水系统可分为间歇供热水太阳能热水系统和连续供热水太阳能热水系统。间歇供热水太阳能热水系统主要供应那些定时用热水的单位，例如部队、学校、工厂等；连续供热水太阳能热水系统指那些 24 小时连续使用热水的系统，例如医院、宾馆、酒店、生产线等。

第 3 节　通风与空调工程中的新材料和新设备

3.3.1　新型风管材料及风口设备

1. 铝箔挤塑复合风管

铝箔挤塑复合风管或 XPS 风管（聚苯乙烯板），双面铝箔，内夹保温层，复合结构。

规格：3m×1.2m×0.02m 或 4m×1.2m×0.02m 等，厚度、密度等参数可根据要求生产。

包装：每 10 块为一包，用 EPE 发泡膜或纸箱包扎，可防水防撞。

产品特点：闭孔结构，吸水率低，防水性能好。质量轻，施工方便，只需简单的手动刀具即可施工。板材厚度仅为 2cm，硬度大，有效节约整体使用空间，提高空间利用率。安装便捷，施工周期短，只有传统铁皮风管的 1/5；明装美观，暗装可以最大限度提高吊顶高度，对层高不够的空间尤其重要。

适用于一般建筑及一般净化空调。

2. 铝箔酚醛复合风管

铝箔酚醛复合风管或酚醛风管，双面铝箔，内夹层为高阻燃保温酚醛板，复合结构。

常规尺寸规格为：4m×1.2m×0.02m，厚度、密度等相关参数可根据要求生产。

包装：每 10 块为一包，用 EPE 发泡膜或纸箱包扎，可防水防撞。

产品特点：采用先进的全自动生产线一次性发泡复合而成（由此制成的风管系统空气摩擦阻力小，导热系数低，弯曲强度高，绝热性能优异，有效降低冷量损失，保持管道内原有的水平）。风管内外层的轧花铝箔板，经特殊工艺镀膜处理，形成稳定致密的保护层，使用寿命20年以上。风管保温一体化，酚醛泡沫板材具有较低的导热系数，良好的保温隔热效果。风管系统采用独特的系统集成，保证了极佳的气密性。成型系统使用环保型酚醛泡沫材料，不含有害气体，可回收再利用，耐燃低烟，无味无毒。泡沫均匀细腻，不掉渣，有韧性，闭孔率达到90％以上，良好的吸声隔声性能，有效消除管道震动和传声。铝箔表面的防腐抑菌涂层，保证了所输送空气清洁卫生，大幅提高材料的使用寿命。酚醛是有机高分子材料中防火性能最好的材料，全面符合国家建筑有关规范。

优点：

(1) 阻燃性好：比较适合用于对防火具有较高要求的场合。

(2) 施工性好：制作工艺完全优于传统铁皮风管的制作过程。

(3) 节能性好：质量轻，工艺简捷、合理，密封气密性好，有效节能。

(4) 保温性好：导热系数小，隔声，保温效果持久。

(5) 装饰性好：表面平整，棱角分明，铝箔耐老化，明装效果佳。

3. 双面玻纤复合风管

双面玻纤复合风管又名超级复合风管或玻纤风管，主材质为高密度超细压缩玻璃棉纤维。内外壁复合可贴有不同类型材质的贴面，并用水溶性胶进行粘贴，制成的高强度风管，具有良好的热学、声学性能；复合玻纤风管以独特的材质以及精湛的复合技术，克服了其他类似风管的一些缺点，使空调领域中风管技术的应用迈向一个新的阶段。

产品特点：

(1) 消声：内表面采用穿孔薄铝板或（玻纤布和玻璃纤维毡涂封棉胶），开孔率25％～30％，穿孔板孔径5mm，具有不同寻常的吸声性能。风管在送回风过程中产生的噪声（如串音、气流运动及机械设备发出的噪声），都可大幅度降低。

(2) 防火：玻纤复合风管的各层材料均采用不燃性材料，各层间的少量胶粘剂又采用了专门配制的防火胶粘剂，因此玻纤复合风管具有良好的防火性能，经国家防火材料检测中心检测，被认定为不燃性材料。

(3) 节能：离心玻璃纤维板通过独特的工艺进行加工复合后，导热系数不大于$0.033W/(m \cdot K)$，更体现了它优越的保温性能，从而可大幅度节省能源。

(4) 卫生：穿孔板或玻纤布和玻璃纤维毡涂封棉胶与离心玻璃纤维板粘接胶水采用优质水溶性抗微生物制剂，具有稳定的分子结构，因此可以抑制霉菌或细菌的生长，且不易破损。

(5) 安装简便：安装简便重量轻，易于搬运、现场安装及清理。在现场亦可修改或进行切割。

(6) 寿命长：玻纤复合风管的外表面可覆金属镀锌板、轧花薄铝板等与离心玻璃棉、内覆玻璃纤维布等均具有耐腐蚀、抗老化的特点，使用寿命一般在20年以上。

4. 玻镁复合风管

玻镁复合风管或名无机复合风管、GM-2复合风管，是由一种新型的高科技复合材料制作而成的复合风管（组合型玻镁风管），具有重量轻、强度高、不燃烧、隔声、隔热、防潮、抗水、使用寿命长等特点，是新一代的节能、环保型绿色产品。

产品规格：2310mm×1300mm×18mm（25mm）或2430mm×1250mm×18mm（25mm），风管板材尺寸规格和厚度等参数可适根据要求加工生产。

产品特点：防火级别好，硬度大，质量轻，施工方便，可现场制作，整体成型系统占用空间小。

可用于地下室、停车场、消防排烟等或有一定特殊要求的场合。

5. 玻镁颗粒复合风管

玻镁颗粒复合风管以聚苯乙烯颗粒、重质碳酸钙，中碱玻纤布和氯氧镁水泥制作而成。可在现场根据图纸裁剪施工，制作方便，可自由拼接，防火性能好。高强度硬度风管板，抗水及腐蚀性能好，一般用于消防排烟，消防通风等有一定特殊要求的场合。玻镁颗粒复合风管板基本规格：2310mm×1300mm×18mm。

6. 铝箔聚氨酯复合风管

铝箔聚氨酯复合风管或聚氨酯风管，产品结构为双面铝箔，内夹层为聚氨酯保温板。

产品尺寸规格为：4m×1.2m×0.02m等，厚度、密度等参数可根据要求生产。

包装：每10块为一包，用EPE发泡膜或纸箱包扎，可防水防撞。

产品特点：聚氨酯铝箔复合风管采用微氟难燃B1级聚氨酯硬质泡沫作为夹心层保温材料，双面复合不燃A级铝板一次性加工成型，风管板中的聚氨酯是一种闭孔的微细泡沫，导热系数低，节能效果非常明显。采用微孔技术，复合整洁严密，不易脱胶。施工方便，制作速度快，浓缩的2cm（＋1）保温单板厚度。有效降低了建筑物结构的负荷和空间，特别适用于高层建筑和轻钢结构厂房，风管管壁薄，连接严密性强，外观整洁，节能美观。维护修补简单，无须特殊工具。

7. 彩钢挤塑复合风管

彩钢挤塑复合风管为双面铝箔复合风管的升级产品，传统镀锌铁皮风管的换代产品。产品结构：单面彩钢（或双面彩钢），单面铝箔，内夹层保温层为高密度聚苯乙烯保温板（XPS板）或挤塑板。产品规格：3m×1.2m×0.02m或4m×1.2m×0.02m等，尺寸等相关参数也可根据要求加工生产。

包装：每10块为一包，用EPE发泡膜或纸箱包扎，可防水防撞。

产品特点：强度大，抗压力强；耐腐蚀性增强；外表可根据要求，进行喷涂，外观更具有装饰性；为传统铝箔挤塑复合风管的升级产品，其制作方式和难易度未改变；材料成本高于传统的铝箔挤塑复合风管。比较适用于对风管强度有一定要求的场合。

8. 镀锌挤塑复合风管

镀锌挤塑复合风管，为双面铝箔复合风管的升级产品，传统镀锌铁皮风管的换代产品。

产品结构：单面镀锌（或双面镀锌），单面铝箔，内夹层保温层为高密度聚苯乙烯保温板（XPS板）或挤塑板。

产品规格：3m×1.2m×0.02m或4m×1.2m×0.02m等，尺寸等相关参数也可根据要求加工生产。

包装：每10块为一包，用EPE发泡膜或纸箱包扎，可防水防撞。

产品特点：强度大，抗压力强；耐腐蚀性增强；外表可根据要求，进行喷涂，外观更具有装饰性；为传统铝箔挤塑复合风管的升级产品，其制作方式和难易度未改变；较适用于对风管强度有一定要求的场合，寿命长且密闭节能等性能比较好。

9. 彩钢酚醛复合风管

彩钢酚醛复合风管，为双面铝箔复合风管的升级产品，传统镀锌铁皮风管的换代产品。

产品结构：单面彩钢（或双面彩钢），单面铝箔，内夹层保温层为高阻燃酚醛保温板。

产品规格：3m×1.2m×0.02m 或 4m×1.2m×0.02m 等，尺寸等相关参数也可根据要求加工生产。

包装：每10块为一包，用 EPE 发泡膜或纸箱包扎，可防水防撞。

特点：强度大，抗压力强；耐腐蚀性增强；外表可根据要求，进行喷涂，外观更具有装饰性；为传统铝箔挤塑复合风管的升级产品，制作方式和难易度未改变。

10. 镀锌轧花酚醛复合风管

镀锌酚醛复合风管，为双面铝箔复合风管的升级产品，传统镀锌铁皮风管的换代产品。

产品结构：单面镀锌（或双面镀锌），单面铝箔，内夹层保温层为高阻燃酚醛保温板。

产品规格：3m×1.2m×0.02m 或 4m×1.2m×0.02m 等，尺寸等相关参数也可根据要求加工生产。

包装：每10块为一包，用 EPE 发泡膜或纸箱包扎，可防水防撞。

特点：强度大，抗压力强；耐腐蚀性增强；外面可根据要求，进行喷涂，外观更具有装饰性；为传统铝箔挤塑复合风管的升级产品，制作方式和难易度未改变。

11. 风口设备

（1）双层百叶风口

该风口一般作为送风口，也可直接与风机盘管配套使用，广泛用于集中空调系统的末端，还可以与对开多叶调节阀连接，用以调整风量。

（2）单层百叶风口

该风口可调上下风向，回风口可与风口过滤网合用，节片角度可以调节，叶片间有 ABS 塑料固定支架。固定式过滤网在清洗时可由滑道上取出过滤网，清洗后再从滑道推入后继续使用。

（3）固定条形风口

该风口用在供热及供冷的空调系统中，可安装在侧墙上或天花板上。

（4）自垂百叶式风口

该风口具有正压的空调房间自动排气。通常情况下靠风口的百叶自重而自然下垂，隔绝室内外的空气交换，当室内气压大于室外气压时，气流将百叶吹开而向外排气，反之室内气压小于室外气压时，气流不能反向流入室内，该风口有单向止回的作用。

（5）散流器

该风口是空调系统中常用的送风口、具有均匀散流特性及简洁美观的外形，可根据使用要求制成正方形或长方形，能配合任何顶棚的装修要求。散流器的内芯部分可从外框拆离，方便安装及清洗，后面可配风口调节阀用以控制调整风量。该风口适用于播音室、医院、剧场、教室、音乐厅、图书馆、游艺厅、剧场休息厅、一般办公室、商店、旅馆、饭店及体育馆等。为了使人们在各种环境里避免噪声的干扰以及不适感，除了按性能表确定颈部风速外，还需要考虑安装高度及安装场合。

（6）球形可调风口

该风口是一种喷口型送风口，高速气流在经过阀体喷口对指定方向送风，气流喷射方向可在顶角为 35°的圆锥形空间内前后左右方便地调节，气体流量也可通过阀门开合程度来调节。适用于高大层顶高速送风或局部供冷的场合，如机场候机大厅，室内体育场，宾馆厨房等场合。

（7）旋流风口

该风口送出旋转射流，具有诱导比大，风速衰减快的特点，在空调通风系统中可用作大风量、大温差送风以减少风口数量，安装在顶棚上，可用于 3m 以内低空间，也可用于两种高度大面积送风，高度甚至可达 10m 以上。

3.3.2　地源热泵系统设备

地源热泵系统是利用浅层地能进行供热制冷的新型能源利用技术的环保能源利用系统。地源热泵系统通常是转移地下土壤中热量或者冷量到所需要的地方，还利用了地下土壤巨大的蓄热蓄冷能力，冬季地源把热量从地下土壤中转移到建筑物内，夏季再把地下的冷量转移到建筑物内，一个年度形成一个冷热循环系统，实现节能减排的功能，如图 3-12 所示。

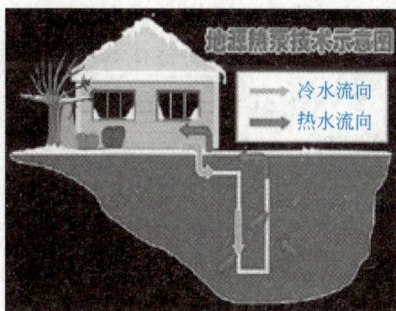

图 3-12　地源热泵系统

1. 系统的工作原理

地源热泵是利用浅层地能进行供热制冷的新型能源利用技术，是热泵的一种。热泵是利用卡诺循环和逆卡诺循环原理转移冷量和热量的设备。地源热泵通常是指能转移地下土壤中热量或者冷量到所需要的地方。通常热泵都是用来作为空调制冷或者供暖用的。地源热泵系统的工作原理如图 3-13 所示。

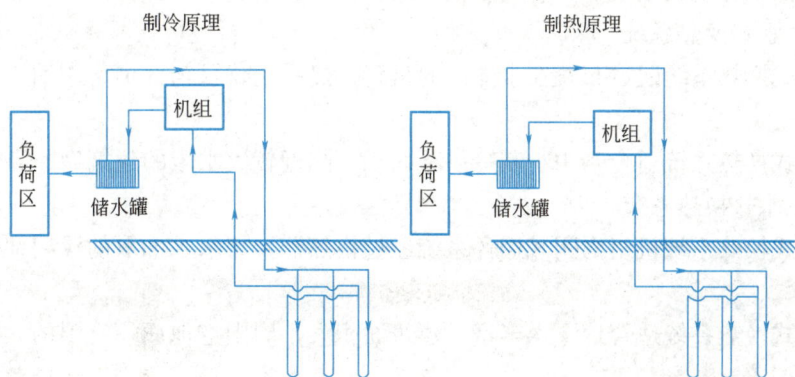

图 3-13　地源热泵系统工作原理图

（1）制冷模式

在制冷状态下，地源热泵机组内的压缩机对冷媒做功，使其进行汽—液转化的循环。通过蒸发器内冷媒的蒸发将由风机盘管循环所携带的热量吸收至冷媒中，在冷媒循环的同时再通过冷凝器内冷媒的冷凝，由水路循环将冷媒所携带的热量吸收，最终由水路循环转移至地表水、地下水或土壤里。在室内热量不断转移至地下的过程中，通过风机盘管，以13℃以下的冷风的形式为房间供冷。

（2）供暖模式

在供暖状态下，压缩机对冷媒做功，并通过换向阀将冷媒流动方向换向。由地下的水路循环吸收地表水、地下水或土壤里的热量，通过冷凝器内冷媒的蒸发，将水路循环中的热量吸收至冷媒中，在冷媒循环的同时再通过蒸发器内冷媒的冷凝，由风机盘管循环将冷媒所携带的热量吸收。在地下的热量不断转移至室内的过程中，以35℃以上热风的形式向室内供暖。

2. 系统的类型与组成

根据地热能交换系统形式的不同，地源热泵系统分为地埋管地源热泵系统、地下水地源热泵系统和地表水地源热泵系统。地源热泵系统一般由室外地热能换热系统、地源热泵机组和建筑物内系统组成。

（1）室外地热能换热系统

室外地热能换热系统主要包括地埋管换热系统、地表水式换热系统、地下水式换热系统等类型。

1）地埋管换热系统

地埋管换热系统包括水平埋管环路与垂直埋管环路。

水平埋管环路通过水平埋置于地表面以下3～15m深的闭合地热能换热系统，与岩土体进行冷热交换。水平埋管环路的地源热泵系统适合于地源制冷或地源供暖面积较小的建筑物，如别墅等小型单体。

垂直埋管环路通过垂直钻孔埋置于地表面以下50～150m深的闭合地能换热系统，可与岩土体进行冷热交换。垂直埋管环路的地源热泵系统适合于制冷供暖面积较大，但周围可利用埋管面积有限的建筑物，如写字楼、商务楼等。

2）地表水式换热系统

地表水式换热系统通过布置在水体内的盘管换热系统，可与江河、湖泊、海水等进行冷热交换。

地表水式换热系统适合于中小制冷供暖面积、临近较大水域的建筑物。

3）地下水式换热系统

地下水式换热系统机组内闭式循环系统经过换热器，与水泵抽取的深层地下水进行冷热交换。

地下水式换热系统适合地下水丰富，建筑面积大，周围空地面积有限的大型单体建筑和小型建筑群落。

（2）地源热泵机组

地源热泵系统以水或者添加防冻剂的水溶液为低温热源的热泵。通常有水/水热泵、水/空气热泵等形式。热泵机组与传统水冷机组相比，具有更高的能效比。

（3）建筑物内系统

建筑内系统即地源热泵的室内空调末端系统，可采用任何形式的常规空调系统。

3. 系统的优点

(1) 高效节能，稳定可靠

地能或地表浅层地热资源的温度一年四季相对稳定，土壤与空气温差一般为17℃，冬季比环境空气温度高，夏季比环境空气温度低，是很好的热泵热源和空调冷源，这种温度特性使得地源热泵比传统空调系统运行效率要高40%～60%，因此要节能和节省运行费用40%～50%。通常地源热泵消耗1kW的能量，用户可以得到5kW以上的热量或4kW以上冷量，所以我们将其称为节能型空调系统。

(2) 无环境污染

地源热泵的污染物排放，与空气源热泵相比，相当于减少40%以上，与电供暖相比，相当于减少70%以上，真正地实现了节能减排。

(3) 一机多用

地源热泵系统可供暖、制冷，还可供生活热水，一机多用，一套系统可以替换原来的锅炉加空调的两套装置或系统。

(4) 维护费用低

地源热泵系统运动部件要比常规系统少，因而减少维护，系统安装在室内，不暴露在风雨中，也可免遭损坏，更加可靠。

(5) 使用寿命长

地源热泵的地下埋管选用聚乙烯和聚丙烯塑料管，寿命可达50年。要比普通空调多35年使用寿命。

(6) 节省空间

没有冷却塔、锅炉房和其他设备，省去了锅炉房、冷却塔占用的宝贵面积，使其产生附加经济效益，并改善了环境外部形象。

地源热泵系统的能量来源于自然能源。它不向外界排放任何废气、废水、废渣，是一种理想的"绿色空调"，被认为是目前可使用的对环境最友好和最有效的供热、供冷系统。该系统无论严寒地区或热带地区均可应用。可广阔应用在办公楼、宾馆、学校、宿舍、医院、饭店、商场、别墅、住宅等领域。

(7) 实现了水资源的循环利用

地源热泵热源的形式多样化，无论是干净清澈的地下水，资源量大而无法高效利用的海水，还是生活和工业生产废水，抑或者地表水，都可以高效地加以利用，实现太阳能量的转移。此方法提高了水资源的循环利用率，一度解决了我国污水处理困难和淡水资源匮乏的难题，同时避免了可再生资源的消耗，实现可持续绿色环保的发展战略。

3.3.3　温湿独立控制空调系统设备

空调系统承担着排除室内余热、余湿、CO_2与异味的任务。研究表明：排除室内余热与排除CO_2、异味所需要的新风量与变化趋势一致，即可以通过新风系统同时满足排余湿、CO_2与异味的要求，而排除室内余热的任务则通过其他的系统（独立的温度控制方式）实现。由于无须承担除湿的任务，因而可用较高温度的冷源实现排除余热的控制任务。

温湿度独立控制空调系统中，采用温度与湿度两套独立的空调控制系统，分别控制、调节室内的温度与湿度，从而避免了常规空调系统中热湿联合处理所带来的损失。由于温度、湿度采用独立的控制系统，可以满足不同房间热湿比不断变化的要求，克服了常规空调系统中难以同时满足温、湿度参数的要求，避免了室内湿度过高（或过低）的现象。

1. 温湿度独立控制空调系统的组成和原理

（1）系统组成

温湿度独立控制空调系统的基本组成为：处理显热的系统与处理潜热的系统，两个系统独立调节分别控制室内的温度与湿度，如图 3-14 所示。处理显热的系统包括：高温冷源、余热消除末端装置，采用水作为输送媒介。由于除湿的任务由处理潜热的系统承担，因而显热系统的冷水供水温度不再是常规冷凝除湿空调系统中的 7℃，而是提高到 18℃ 左右，从而为天然冷源的使用提供了条件，即使采用机械制冷方式，制冷机的性能系数也有大幅度的提高。余热消除末端装置可以采用辐射板、干式风机盘管等多种形式，由于供水的温度高于室内空气的露点温度，因而不存在结露的危险。处理潜热的系统，同时承担去除室内 CO_2、异味，以保证室内空气质量的任务。此系统由新风处理机组、送风末端装置组成，采用新风作为能量输送的媒介。在处理潜热的系统中，由于不需要处理温度，因而湿度的处理可能有新的节能高效的方法。

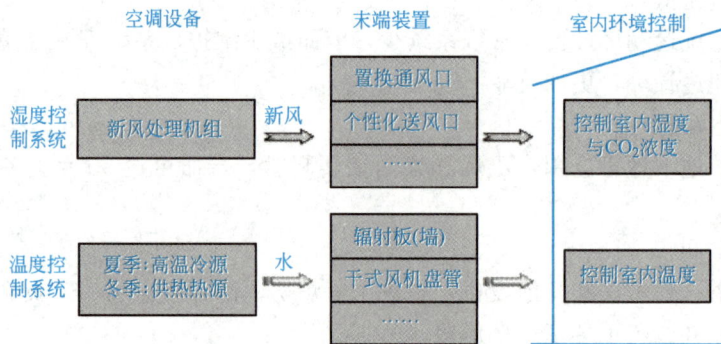

图 3-14　温湿度独立控制空调系统

（2）新风处理方式

温湿度独立控制空调系统中，需要新风处理机组提供干燥的室外新风，以满足排湿、排 CO_2、排味和提供新鲜空气的需求。如何采用其他的处理方式排除室内的余湿，如何处理非露点的送风参数，如何实现对新风有效的湿度控制是新风处理机组所面临的关键问题。

采用转轮除湿方式，是一种可能的解决途径，如图 3-15 所示。用硅胶、分子筛等吸湿材料附着于轻质骨料制作的转轮表面。待除湿的空气通过转轮的一部分表面，空气中的部分水分被吸附于表面吸湿材料，实现除湿。吸了水的转轮部分旋转到另一侧与加热的再生空气接触，放出水分，使表面吸湿材料再生，再进行下一个循环。吸湿过程接近等焓过程，减湿加热后的空气可进一步通过高温冷源（18℃）冷却降温，从而实现温度与湿度的独立控制。但转轮除湿的运行能耗难以与冷凝除湿方式抗衡。从热能利用效率看，图 3-15 所示的转轮除湿机除掉的潜热量与耗热量之比一般难以超过 0.6，同时高温冷源还要提供 1.1～1.2 倍空气除热总量的冷量。这样就无法与采用低温热源（约 90℃）、COP 可达 0.7、冷却温度可达 30℃ 的吸收制冷机相比。即使采用多级热回收方式，热能利用效率仍难以提高到与吸收制冷机抗衡。此外，还有转轮的除湿空气与再生空气间的渗透问题，这似乎是很难解决的工艺问题。转轮除湿机热能利用效率低的实质是除湿与再生这两个过程

再生风机　　除湿转轮　　再生电加热器

处理风机　　　　　转轮驱动电机

图 3-15　转轮除湿方式

都是等焓过程而非等温过程，转轮表面与空气间的湿度差和温度差都很不均匀，造成很大的不可逆损失，这可能是由转轮结构本身决定的很难克服的缺陷。

　　另一种除湿方式是空气直接与具有吸湿作用的盐溶液接触（如溴化锂溶液、氯化锂溶液等），空气中的水蒸气被盐溶液吸收，从而实现空气的除湿，吸湿后的盐溶液需要浓缩再生才能重新使用。因此，溶液式除湿与转轮式除湿机理相同，仅由吸湿溶液代替了固体转轮。由于可以改变溶液的浓度、温度和气液比，因此与转轮式除湿方式相比，这一方式还可实现对空气的加热、加湿、降温、除湿等各种处理过程。改善吸湿式空气处理方式的关键就是变等焓过程为等温过程，吸收或补充空气与吸湿介质间传质产生的相变潜热，而减少这一过程的不可逆损失。由于转轮是运动部件，很难在转轮内部接入能够吸收热量或提供热量的换热装置，这种方法实现起来在工艺上有很大困难。采用溶液吸湿，可以使空气溶液接触表面同时作为换热表面，在表面的另一侧接入冷水或热水，实现吸收或补充相变热的目的，从而实现接近等温的吸湿和再生过程；还可以采用带有中间换热器的溶液——空气热湿交换单元。

　　（3）高温冷源的制备

　　由于潜热由单独的新风处理系统承担，因而在温度控制（余热去除）系统中，不再采用 $7℃$ 的冷水同时满足降温与除湿的要求，而是采用约 $18℃$ 的冷水即可满足降温要求。此温度要求的冷水为很多天然冷源的使用提供了条件，如深井水、通过土壤源换热器获取冷水等，深井回灌与土壤源换热器的冷水出水温度与使用地的年平均温度密切相关，我国很多地区可以直接利用该方式提供 $18℃$ 冷水。在某些干燥地区（如新疆等）通过直接蒸发或间接蒸发的方法获取 $18℃$ 冷水。

　　即使采用机械制冷方式，由于要求的压缩比很小，根据制冷卡诺循环可以得到，制冷机的理想 COP 将有大幅度提高。如果将蒸发温度从常规冷水机组的 $2\sim3℃$ 提高到 $14\sim16℃$，当冷凝温度恒为 $40℃$ 时，卡诺制冷机的 COP 将从 $7.2\sim7.5$ 提高到 $11.0\sim12.0$。

2. 温湿度独立控制空调系统相对于传统空调系统优势

（1）可以避免过多的能源消耗

从处理空气的过程我们可以知道，为了满足送风温差，一次回风系统需对空气进行再热，然后送入室内。这样的话，这部分加热的量需要用冷量来补偿。而温湿度独立控制空调系统就避免了送风再热，就节省了能耗。传统的空调系统中，显热负荷约占总负荷的比例为 50%～70%，潜热负荷约占总负荷的比例为 30%～50%，原本可以采用高温冷源来承担，却与除湿共用 7℃冷冻水，造成了利用能源品位上的浪费，这种现象在湿热的地区表现尤为突出。经过处理的空气湿度可以满足要求，但会引起温度过低的情况发生，需要对空气再热处理，进而造成了能耗的进一步增加。

（2）温湿度参数很容易实现

传统的空调系统不能对相对湿度进行有效的控制。夏季，传统的空调系统用同一设备对空气热湿处理，当室内热、湿负荷变化时，通常情况下，我们只能根据需要，调整设备的能力来维持室内温度不变，这时，室内的相对湿度是变化的，因此，湿度得不到有效地控制，这种情况下的相对湿度，不是过高就是过低，都会对人体产生不适。温湿度独立控制空调系统通过对显热的系统处理来进行降温，温度参数很容易得到保证，精度要求也可以达到。

（3）空气品质良好

温湿度独立控制空调系统的余热消除末端装置以干工况运行，冷凝水及湿表面不会在室内存在，该系统的新风机组也存在湿表面，而新风机组的处理风量很小，室外新风机组的微生物含量小，对于湿表面除菌的处理措施很灵活并很可靠。传统空调系统中，特别是在供冷季，风机盘管与新风机组中的表冷器、凝水盘甚至送风管道，基本都是潮湿的。这些表面就成为病菌等繁殖的最好场所。

（4）不需另设加湿装置

温湿度独立控制空调系统能解决室内空气处理的显热和潜热与室内热湿负荷匹配的问题，而且在冬季不需要另外配备加湿装置。传统空调系统中，冬季没有蒸汽可用，一般常采用电热式等加湿方式，这会使得运行费用过高。如果采用湿膜加湿方式，又会产生细菌污染空气等问题。

3.3.4 冰蓄冷空调系统设备

冰蓄冷空调技术就是在夜间低电价时段（同时也是空调负荷很低的时间）采用电制冷机组制冷，将水在专门的蓄冰槽内冻结成冰以蓄存冷量；在白天的高电价时段（同时也是空调负荷高峰时间）停开制冷机组，直接将蓄冰槽内的冷能释放出来，满足空调用冷的需要。因为制冰、融冰转换损失的能量很小，而夜间制冷因气温较低可使效率更高，完全可以弥补蓄冰的冷能损失。

1. 系统的主要优缺点

（1）冰蓄冷空调系统具有以下主要优点：

1）平衡电网峰谷负荷，减缓电厂和供配电设施的建设，对国家而言，是节能的。对于大城市的商业用电而言，均会出现用电的峰谷时段，在用电的峰段，常常会出现供电不足的状况，而在用电的谷段，又常常会出现电量过剩的状况，如果将低谷电的电能转化为冷能应用到峰值电时的空调系统中去，则可以缓解电网压力，平衡电网。对国家电网而言，要满足用户 1kW·h 的用电需求，必须要发电站发出超过 1kW·h 的电量便于抵消电在运输过程中的损耗，而用户对电的需求和利用程度在实际过程中却是不定的，是随机的，尤其是对建筑内的空调而言，其使用程度往往同当天的室外天气条件密切相关，不定性特点尤为突出，倘若国家电网发出的余电无法被用户使用，一来是对能源的浪费，二来对国家电网的安全也存在着隐患，于是，冰蓄冷技术在空调系统中的应用便大大地减缓和减少了以上问题。

2）能使制冷主机的装机容量减少。冰蓄冷空调系统按运行策略可分为两类，一类是全部蓄冷模式，另一类是部分蓄冷模式。对于第一类，通俗地说就是建筑的所有冷负荷（注：蓄冰装置是无法作为热源使用的）全由蓄冰装置承担，而制冷机组（通常是双工况制冷机组）只扮演为蓄冰装置充冷制冰的角色，在空调系统运行的时候，制冷机组处于停机状态，而蓄冰装置则全时段运行，为用户提供冷量。对于第二类，也是实际工程中常用的运行方式，即蓄冰装置只承担建筑冷负荷的一部分，而另一部分则由制冷机组（双工况）承担。因此，由上述可知，不论哪种运行方式，蓄冰装置总是要承担一部分冷负荷的，我们所说的减少了制冷主机的装机容量，实质上就是蓄冰装置承担了制冷机组本应该要承担的一部分负荷，这部分负荷值的大小也就是蓄冰装置的蓄冷量大小。

3）目前各地供电部门对用电限制较严，征收的额外费用也名目繁多，建筑业主与用户的经济负担较重，还常常受到限电、拉闸停电种种束缚。若发展冰蓄冷空调技术，就能较好地缓解空调用电与城市用电供应能力的矛盾。

4）由于采用了冰蓄冷与低温大温差供冷送风相结合的技术，在初投资费用方面，既可减少空调处理设备、输配设备的大小，输送管网的粗细，还可减少机房管井的占用面积，压低建筑层高，从而不但可节省空调的初投资费用，而且还可降低建筑造价；在运行费用方面，由于送风温度低，风机、水泵的输配功率大幅度降低，制冷空调系统的整体能效得到提高，再加上分时电价的优惠，从而使建筑业主与用户支付比常规空调更少的运行费用。

5）由于采用了低温大温差供冷送风，使空调处理与输送过程均在较低温度下进行，有利于抑制细菌、病菌的繁殖；较低的室内温度，可进一步改善室内空气品质与热舒适水平。

（2）冰蓄冷空调技术在我国的应用将成为不可逆转的趋势。当然它也有一些缺点，主要有：

1）系统异常复杂、庞大。冰蓄冷空调除了通常的制冷系统和空调设备外，还配备复杂的蓄冰设备，蓄冰设备包括蓄冷槽、乙二醇溶液泵、制冰泵、蓄冷介质（如冰球等）、热交换器等设施。总之，一个蓄冷式空调系统相当于配置两套水系统。

2）占地面积大。由于系统复杂，特别是蓄冷设施庞大，因此占地面积很大，通常每100RTH的蓄冰槽占体积为10m³，如蓄冷能力为10000RTH，则体积达1000m³（如采用水蓄冷系统，则体积要增加80倍以上）。其所占用的大量建筑面积显著增加了客户的机会成本，如果该部分建筑改作他用，如地下车库、地下商场等，将给业主带来显著的经济收益。

3）调控困难。冰蓄冷系统存在着控制方面的致命缺陷，其放冷速度开始时较快，到后面放冷速度越来越慢，最后有相当一部分剩余的冷量无法使用。蓄冷时也存在同样的问题，蓄冷时速度较快，后来越来越慢（所以现在很多冰蓄冷项目通常将制冰主机和蓄冰槽选得非常大。而且由于这个问题，通常蓄冷时间要12小时以上，实际上能使用的电价也并非是谷时电价）。同时与常规空调相比增加了冰水系统，导致控制非常困难，空调水温极不稳定，难以保证空调质量。还有另一个致命的问题是目前各厂家提供的控制系统不能适应我国电价政策的变化。

4）技术不成熟，寿命短。我国的蓄冷工程从1995年起步，远未达到成熟的程度，许多技术和设施都只能从国外引进，这给设备日后的维修和使用寿命带来极大的影响，经常性费用增加。

5）效率低。制冷效率本身很低，由于系统的庞杂，散热面积大，冷散失也非常严重。

6）维护困难，对操作人员素质要求高。由于系统复杂，同时控制困难，维护工作量成倍增加，而且对人员的素质要求非常高，否则无法达到经济运行。

2. 系统的组成及制冰方式分类

（1）系统组成

冰蓄冷空调系统一般由制冷机组、蓄冷设备（或蓄水池）、辅助设备及设备之间的连接、调节控制装置等组成。冰蓄冷空调系统设计种类多种多样，无论采用哪种形式，其最终的目的是为建筑物提供一个舒适的环境。另外，系统还应达到能源最佳使用效率，节省运转电费，为用户提供一个安全可靠的冰蓄冷空调系统。

（2）制冰方式分类

根据制冰方式的不同，冰蓄冷可以分为静态制冰、动态制冰两大类。静态制冰时冰本身始终处于相对静止状态，这一类制冰方式包括冰盘管式、封装式等多种具体形式。动态制冰方式在制冰过程中有冰晶、冰浆生成，且处于运动状态。每一种制冰具体形式都有其自身的特点和适用的场合。

3. 运行策略与自动控制

（1）运行策略

与常规空调系统不同，蓄冷系统可以通过制冷机组或蓄冷设备或两者同时为建筑物供冷，用以确定在某一给定时刻，多少负荷是由制冷机组提供，多少负荷是由蓄冷设备供给的方法，即为系统的运行策略。蓄冷系统在设计过程中必须制定一个合适的运行策略，确定具体的控制策略，并详细给出系统中的设备是应作调节还是周期性开停。对于部分蓄冷系统的运转策略主要是解决每时段制冷设备之间的供冷负荷分配问题，以下为蓄冷系统通常选择的几种运行策略。

1）制冷机组优先式。蓄冷系统采用制冷机组优先式运行策略是指制冷机组首先直接供冷，超过制冷机组供冷能力的负荷由蓄冷设备释冷提供。这种策略通常用于单位蓄冷量所需费用高于单位制冷机组产冷量所需费用，通过降低空调尖峰负荷值，可以大幅度节省系统的投资费用。

2）蓄冷设备优先式。蓄冷设备优先式运行策略是指蓄冷设备优先释冷，超过释冷能力的负荷由制冷机组负责供冷。这种方式通常用于单位蓄冷量所需的费用低于单位制冷机组产冷量所需的费用。蓄冷设备优先式在控制上要比制冷机组优先式相对复杂些。在下一个蓄冷过程开始前，蓄冷设备应尽可能将蓄存的冷量全部释放完，即充分利用蓄冷设备的可利用蓄冷量，降低蓄冷系统的运行费用；另外应避免蓄冷设备在释冷过程的前段时间将蓄存的大部分冷量释放，而在以后尖峰负荷时，制冷机组和蓄冷设备无法满足空调负荷需要的现象，因此应合理地控制蓄冷设备的剩余冷量，特别是对于设计日空调尖峰负荷出现在下午时段时非常重要。一般情况，蓄冷设备优先式运行策略要求蓄冷系统应预测出当日24h空调负荷分布图，并确定出当日制冷机组在供冷过程中最小供冷量控制分布图，以保证蓄冷设备随时有足够释冷量配合制冷机组满足空调负荷的要求。

3）负荷控制式（限制负荷式）。负荷控制式就是在电力负荷不足的时段，对制冷机组的供冷量加以限制的一种控制方法。通常这种方法是受电力负荷限制时才采用，超过制冷机组供冷量的负荷可由蓄冷设备负责。例如城市电力负荷高峰时段（8：00～11：00），禁止制冷机组运行。

4）均衡负荷式。均衡负荷式是指在部分蓄冷系统中，制冷机组在设计日 24h 内基本上满负荷运行；在夜间满载蓄冷，白天当制冷机组产冷量大于空调冷负荷时，将满足冷负荷所剩余的冷量（用冰的形式）蓄存起来；当空调冷负荷大于制冷机组的制冷量时，不足的部分由蓄冷设备（融冰）来完成。这种方式系统的初期投资最小，制冷机组的利用率最高，但在设计日空调负荷高峰时段与当地电力负荷高峰时段是否相同时，即是否与当地电价低谷时段相重叠，如不重叠，则系统的运行费用较高。

（2）自动控制

蓄冷系统的控制，除了保证蓄冷和供冷模式的转换以及空调供水或回水温度控制以外，主要应解决制冷机组与蓄冷设备之间供冷负荷分配问题，特别是在部分负荷时，应保证尽可能地将蓄冷设备的冷量释放完，即可采用融冰优先式运行策略，甚至可采用全蓄冷运行，即白天制冷机组停开，空调负荷全部由蓄冷设备满足。而在设计日空调负荷时，应采用制冷机组优先式运行策略，以保证逐时空调负荷要求。

目前蓄冷系统的自动控制系统，大多采用以计算机技术的直接数字控制器与电子传感器及执行机构相结合的直接数字控制系统。制冷机组的蓄冷量是定量的输出，而蓄冷设备的释冷是总量的输出。如两者为串联时，控制系统较为简单，供水温度易保持恒定；而对于并联系统，供水温度控制较难，特别是在释冷融冰后期，蓄冷设备的出口温度在逐渐升高，与制冷机组出口温度相比很难保持恒定不变。为了使每天蓄冷设备冷量充分释放，保持较为恒定的供水温度，满足设计日空调负荷要求，通常利用计算机作为蓄冷系统的监控设备，并利用系统中设置的流量计、温度计反馈的信号，逐时监视蓄冷设备的内部状况，通过计算机对空调系统负荷的预测，以此制定蓄冷系统的运行策略是制冷机组优先式还是蓄冷设备优先式。

第 4 节　其他设备工程中的新材料和新设备

3.4.1　彩色橡塑保温材料

彩色橡塑保温管具有很高的弹性，所以能最大限度地减少冷冻水和热水管道在使用过程中的振动和共振。彩色橡塑保温材料一般采用闭孔弹性体材料，具有柔软性、耐屈绕、耐寒、耐热、阻燃、防水、导热系数低、减振、吸声等优良性能。可广泛用于中央空调、建筑、化工、医药、轻纺、冶金、船舶、车辆、电器等行业和部门的各类冷热介质管道、容器，能达到降低冷损和热损的效果。又由于施工方便，外观整洁美观，没有污染，因此是一种高品质的跨世纪新一代绝热保温材料。产品特点有：

1. 导热系数低

平均温度为0℃时，本材料导热系数为 0.034W/（m·K），而它的表面放热系数高，因此在相同的外界条件下，使用本产品厚度比其他保温材料薄一半以上能达到相同的保温效果，从而节省了楼层吊顶以上的空间，节省投资。

2. 阻燃性能好

材料中含有大量阻燃减烟原料，燃烧时产生的烟浓度极低，而且遇火不融化，不会滴下着火的火球，材料具有自熄灭特征。按《建筑材料及制品燃烧性能分级》GB 8624—2012，产品一般为 B_1 级难燃材料，确保安全可靠。

3. 闭孔式发泡，防潮性能好

（1）玻璃纤维：开孔结构水汽渗透率极高，导致随着使用时间的延长，导热系数也随着升高，使保温效果大大降低。

（2）发泡聚乙烯（PEF）：连孔结构，有较高的水汽渗透率，其材质硬而发脆，容易破损，寿命短。

（3）橡塑：闭孔结构，有极小的水汽渗透率，能长期保持较低的导热系数。

4. 抗振性能好

橡塑绝热材料具有很高的弹性，因而能最大限度地减少冷冻水和热水管道在使用过程中的振动和共振。

5. 柔韧性能好

橡塑材料具有良好的绕性及韧性，施工中容易处理弯曲和不规则的管道，而且可以省工省料。

6. 安装方便、外形美观

产品富有柔软性，安装简易方便。管道安装：可套上后一起安装，也可将本管材纵向切开后再用胶水粘合而成。对阀门、三通、弯头等复杂部件，可将板材裁剪后，按不同形状包上粘合，确保整个系统的严密性，从而保证了整个系统的保温性。又因本材料外表有橡胶的光滑平整，以及它本身的优异性能，不需另加隔汽层、防护层，减少了施工中的麻烦，也保证了外形美观、平整。当设备或管道检修时，剥离下来的本材料可重复使用，性能不变。

7. 其他优点

橡塑绝热材料使用起来十分安全，既不会刺激皮肤，亦不会危害健康。它们能防止霉菌生长，避免害虫或老鼠啮咬，而且耐酸抗碱，性能优越，可防止它们因大气介质或工业环境而受到腐蚀。

3.4.2 综合支吊架设备

综合支吊架技术是在公共建筑安装工程中将给水排水、暖通空调、消防、喷淋、强电、弱电等各专业的管道、风道、电缆桥架等的支吊架综合在一起，统筹规划设计，整合成一个统一的支吊系统。大型室内工程的各种管线的布置与安装，往往互相交叉，经常会影响到本专业及相关专业的施工进度、观感和空间的合理利用。建筑安装工程的室内支吊架因地制宜的优化设计和安装，解决了各种管线综合排布的各种问题，并使各种管线的安装达到材料节约、布置紧凑美观及质量牢固可靠的效果。

1. 综合支吊架的特点

（1）施工简便。因为空调水系统、空调风系统、消防平层主管、强弱电桥架，可以采用同一支吊架，在施工前支架均已布置安装完成。省去了穿插安装支吊架的复杂过程，提高了工作效率。

（2）节约投资。支吊架的减少，减少了钢材用量，节约了成本。

（3）有效控制标高。综合平衡技术就是怎样有效地利用空间，在满足各种管线布置的前提下，压缩空间，可以有效地控制标高。

（4）可使管线布局清晰。减少支吊架的数量，均匀合理布置综合支吊架，使管线看起来清晰，没有零乱感。

2. 综合支吊架的施工要点

（1）相关专业协调

1）综合支吊架施工技术的关键是熟悉各专业管线的特性，有压管道、桥架走向相对不受限制，只要适当考虑节约即可，而对于排水、空调冷凝水等无压管道，坡度是必须要考虑的因素，且不宜受其他管线影响其路由，以确保坡度合理，排水通畅。

2）考虑保温、隔热垫的设置高度。

3）风道是空间占用最大的设备，可以考虑在支架上设二层支架把风道架高的办法，这样风道下面还可以有走管线的空间。

4）了解各专业管线的支架设置要求，确定合理的支架布置间距、形式、材质及规格型号。

5）考虑装饰施工的吊顶龙骨施工情况，特别是主龙骨的设置，明确其布置位置、高度尺寸。

6）明确支架的综合布局，确定支架布置间距，利用计算机画出初步施工布置图，明确布置方案。

（2）现场尺寸核实

根据初步确定布置情况现场核实方案的可行性，依据具体墙体设置情况，顶部梁板分布情况，结合盘管、风机等设备的位置情况，进行方案的调整，确定支架形式、材质、型号、规格，最终达到方案切实可行。

（3）施工程序确定

工程一般均为多家专业施工单位施工，为避免相互间的施工冲突，必须先确定施工顺序，掌握风道、大管等体量大的先行施工，无压管道再行施工，其他后续施工的原则。

（4）工程总量核定

支架制作安装部分由一家单位施工，以签证、变更的形式予以解决。

（5）样板层施工

如为多层施工情况，样板层施工是必不可少的，这样可以根据具体完成情况，进行进一步的优化施工。

3. 综合支吊架的施工工序

钢材除锈防腐→根部的加工制作→根部的焊接→根部的防腐→吊梁的加工制作→吊杆的安装→吊梁的安装→综合支吊架的校正→过载试验。

4. 综合支吊架的施工工艺

（1）钢材的除锈与防腐。钢材进场经监理验收后，采用角向磨光机对钢材进行除锈。除锈完成后，采用空压机对钢材喷漆进行防腐。

（2）综合支吊架的根部的加工制作。综合支吊架的根部采用［10 槽钢加工制作，制作方法如下：采用氧气、乙炔对槽钢进行截断，再采用氧气、乙炔在槽钢段的一侧开口，开口大小为 50mm×13mm；最后，采用角向磨光机对已加工好的根部进行抛光处理。

（3）综合支吊架根部的焊接。根部加工完毕后，将其与原来预留的支吊架预埋铁件进行焊接，使它们连接牢固。支吊架上部应与预埋件平齐，不得超出或低于预埋件，焊缝厚度不得小于4mm，全长度满焊。

（4）综合支吊架根部的防腐。根部焊接完成后，将焊渣清理干净后，采用红丹防锈漆对其进行防腐处理。

（5）吊梁的加工制作。综合支吊架的根部焊接完成后，根据电缆桥架、风管、水管的设计施工图纸，结合施工现场实际情况，采用砂轮切割机和台钻，对∠40×4、∠50×5、∠63×6的角钢进行加工制作。支、吊、托架要统一加工，形式一致。支吊、托架的角钢、槽钢的管卡眼，一律采用机械钻孔，严格禁止电气焊打孔。

（6）吊杆的安装。将吊杆安装在根部的条形孔内。

（7）吊梁的安装。将各种不同用途的吊梁，按照设计方案的要求，安装在不同的标高上。支、吊、托架所用的角钢、槽钢开口朝向应一致。

（8）综合支吊架的校正。每个区域的综合支吊架安装完成后，采用水准仪和经纬仪对综合支吊架的吊杆和吊梁进行调正、调平。

（9）过载试验。使用承重物悬挂于支吊架上，荷载为设备、风道、电缆桥架、各类管道及支吊架自重及工作荷载的总和的2倍，悬挂时间为12h。试验结果应以预埋件牢固、吊架根部焊接严密、支吊架未变形为合格。

5. 综合支吊架制作的质量控制

（1）材料质量

槽钢、角钢的规格型号要满足现行相关规范、技术规程、施工图集的要求。吊丝、螺栓及垫片均要采用镀锌制品。

（2）施工质量

综合支吊架的根部下料，其长度尺寸为100mm，偏差不大于5mm；槽钢上开孔尺寸为50mm×12mm，正偏差为5mm×1mm，负偏差为0。综合支吊架的根部焊接，应四面满焊，焊缝高度不小于3mm，焊缝不得有沙眼、夹渣、漏焊等焊接缺陷，焊缝与母材之间应平滑过渡。槽钢、角钢的下料，其端部应圆滑。综合支吊架安装，各个节点的螺栓安装数量应按照现行相关施工图集进行施工。综合支吊架吊杆、吊梁的安装应按照综合支吊架的设计方案进行安装。综合支吊架根部的防腐，刷漆应均匀，不得有汽包、漏刷等现象。

6. 综合支吊架的成品保护

为防止土建施工时对墙面进行喷浆时，污染综合支吊架，宜采用废报纸将综合支吊架的吊杆和吊梁包裹进行保护。材料在运输和安装过程中，不得对材料进行抛、掷等。材料的堆放应分类，堆放整齐。

3.4.3 易燃易爆物品的种类与特性

所谓易燃易爆化学物品，指国家标准《危险货物品名表》GB 12268—2012中以燃烧爆炸为主要特性的压缩气体、液化气体、易燃液体、易燃固体、自燃物品和遇湿易燃物品、氧化剂和有机过氧化物以及毒害品、腐蚀品中部分易燃易爆化学物品。

1. 易燃易爆物品的种类

主要的类型有：

第1类：爆炸品；

第2类：压缩气体和液化气体；

第3类：易燃液体；

第4类：易燃固体、自燃物品和遇湿易燃品；

第5类：氧化剂和有机过氧化物；

第6类：毒害品和感染性物品；

第7类：放射性物品；

第8类：腐蚀品；

第9类：杂类。

由于某一化学危险物品往往具有多种危险性，因此在具体分类过程中，掌握"择重入列"的原则，即根据各该化学物品特性中的主要危险性，确定其归于哪一类。

2. 易燃易爆物品的特性

（1）易燃烧爆炸

在《中华人民共和国消防法》中列举的压缩气体和液化气体，超过半数是易燃气体，易燃气体的主要危险特性就是易燃易爆，处于燃烧浓度范围之内的易燃气体，遇着火源就能着火或爆炸，有的甚至只需极微小能量就可燃爆。易燃气体与易燃液体、固体相比，更容易燃烧，且燃烧速度快，一燃即尽。简单成分组成的气体比复杂成分组成的气体易燃、燃速快、火焰温度高、着火爆炸危险性大。氢气、一氧化碳、甲烷的爆炸极限的范围分别为：4.1%～74.2%、12.5%～74%、5.3%～15%。同时，由于充装容器为压力容器，受热或在火场上受热辐射时还易发生物理性爆炸。

（2）扩散性

压缩气体和液化气体由于气体的分子间距大，相互作用力小，所以非常容易扩散，能自发地充满任何容器。气体的扩散性受密度影响：比空气轻的气体在空气中可以无限制地扩散，易与空气形成爆炸性混合物；比空气重的气体扩散后，往往聚集在地表、沟渠、隧道、厂房死角等处，长时间不散，遇着火源发生燃烧或爆炸。掌握气体的密度及其扩散性，对指导消防监督检查，评定火灾危险性大小，确定防火间距，选择通风口的位置都有实际意义。

（3）可缩性和膨胀性

压缩气体和液化气体的热胀冷缩比液体、固体大得多，其体积随温度升降而胀缩。因此容器（钢瓶）在储存、运输和使用过程中，要注意防火、防晒、隔热，在向容器（钢瓶）内充装气体时，要注意极限温度压力，严格控制充装，防止超装、超温、超压造成事故。

（4）静电性

压缩气体和液化气体从管口或破损处高速喷出时，由于强烈的摩擦作用，会产生静电。带电性也是评定压缩气体和液化气体火灾危险性的参数之一，掌握其带电性有助于在实际消防监督检查中，指导检查设备接地、流速控制等防范措施是否落实。

（5）腐蚀毒害性

主要是一些含氢、硫元素的气体具有腐蚀作用。如氢、氨、硫化氢等都能腐蚀设备，严重时可导致设备裂缝、漏气。对这类气体的容器，要采取一定的防腐措施，要定期检验其耐压强度，以防万一。压缩气体和液化气体，除了氧气和压缩空气外，大都具有一定的毒害性。

（6）窒息性

压缩气体和液化气体都有一定的窒息性（氧气和压缩空气除外）。易燃易爆性和毒害性易引起注意，而窒息性往往被忽视，尤其是那些不燃无毒气体，如二氧化碳、氮气、氦、氩等惰性气体，一旦发生泄漏，均能使人窒息死亡。

（7）氧化性

压缩气体和液化气体的氧化性主要有两种情况：一种是明确列为助燃气体的，如氧气、压缩空气、一氧化二氮；另一种是列为有毒气体，本身不燃，但氧化性很强，与可燃气体混合后能发生燃烧或爆炸的气体，如氯气与乙炔混合即可爆炸，氯气与氢气混合见光可爆炸，氟气遇氢气即爆炸，油脂接触氧气能自燃，铁在氧气、氯气中也能燃烧。因此，在消防监督中不能忽视气体的氧化性，尤其是列为有毒气体的氯气、氟气，除了注意其毒害性外，还应注意其氧化性，在储存、运输和使用中要与其他可燃气体分开。

第4章 新技术、新工艺

第1节 装配式建筑构件生产与安装技术

4.1.1 装配式建筑构件的生产与质量控制

装配式建筑构件的生产程序和流程如图 4-1 所示。为保证构件的质量，生产过程需做如下控制：

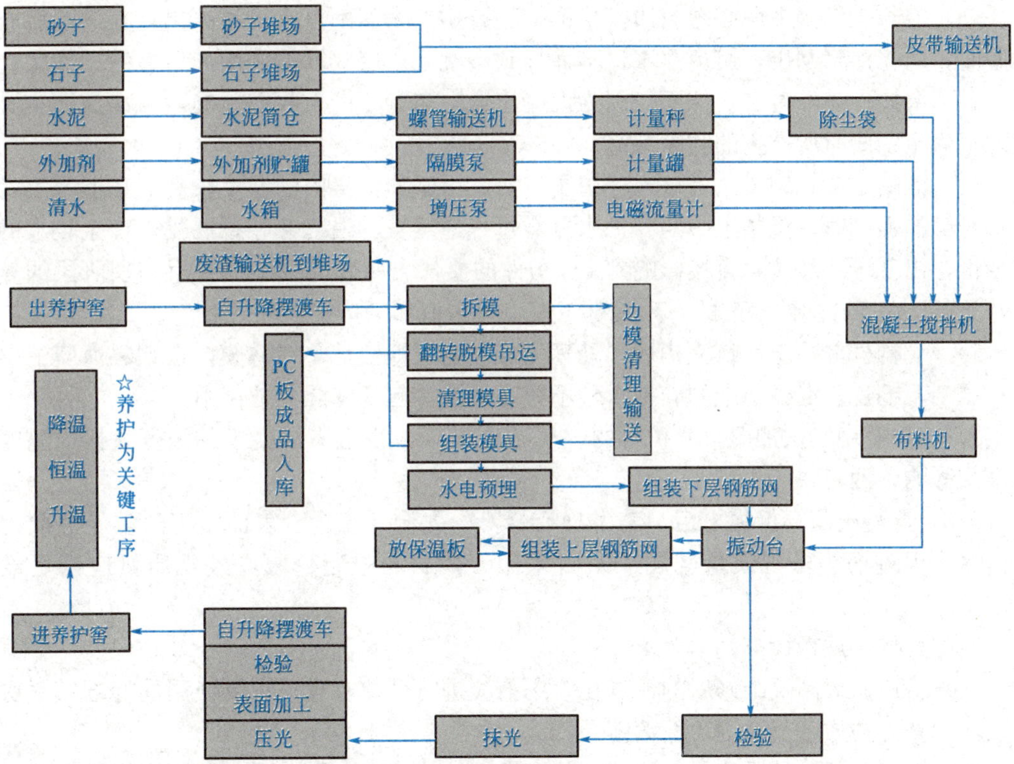

图 4-1 装配式建筑构件生产流程图

（1）模具拼装前，需用铁铲铲掉台车及模具表面、端头面、夹具、套筒定位销、定位螺栓上残留的混凝土渣，再用刷子清扫干净。

（2）模具尺寸必须多方位精确测量，并与图纸核对，保证模具的尺寸偏差控制在以下范围：长、宽公差为±3mm，对角线公差±3mm。

（3）涂隔离剂前需确认模内干净，无杂物，并涂抹均匀。要特别注意的是：隔离剂与水配比要求分为冬季与夏季，冬季配比为 2∶3，夏季配比为 1∶3。

（4）实验室每天第一盘混凝土需做开盘鉴定，生产过程中对混凝土进行抽检，测试混凝土坍落度、和易性、流动性等技术指标，如有异常，需及时微调混凝土配比，以满足生产要求，确保混凝土质量。

（5）混凝土浇筑前，应逐项对模具、钢筋、钢筋网、钢筋骨架、连接件、预埋件、吊具、预留孔洞、混凝土保护层厚度等进行检验，并与图纸核对，准确无误后方可浇筑混凝土。

（6）混凝土浇筑时应均匀连续浇筑，同时应保证模具、预埋件、连接件不发生变形或者移动，如有偏差应采取措施及时纠正。

（7）混凝土应边浇筑、边振捣。振捣宜采用振动台振动、振动棒辅助振捣；振动棒振动时采用"行列式"的次序移动，以免造成混乱而发生漏振。每次移动位置的距离不大于振动棒作用半径 R 的 1.5 倍；振动台振动时间一般以 $8 \sim 10s$ 为宜，振动棒振动时间以 $20 \sim 30s$ 为宜，混凝土表面呈水平，并出现均匀的水泥浆，不再冒气泡为止，混凝土不显著下沉，表示已振实，即可停止振捣。

（8）混凝土浇捣平面必须与边模平高，检查构件表面不可有钢筋露出，在进行后处理刮平时，应将浮浆刮出，避免浮浆过多而导致混凝土表层收缩过大而产生裂缝；除叠合楼板外，其余构件需经过二次抹面，因为混凝土会在初凝时产生收缩裂缝，二次抹面主要是消除混凝土初凝时所产生的收缩裂缝。

（9）混凝土浇筑完成之后进入养护窑养护，由于养护窑内的温度较高，在混凝土尚未具备足够的强度时，混凝土中的养护水分会过早地蒸发，最终会导致混凝土产生较大的收缩变形，出现干缩裂纹，直接影响到 PC 构件的质量。所以混凝土浇筑后初期阶段的养护非常重要，是 PC 构件生产的一个关键工序，可采取如下措施：

1）PC 构件混凝土浇筑完毕后，处理完成之后立即覆盖塑料薄膜，在塑料薄膜上再覆盖一层工业毛毯，混凝土中的养护水分不容易蒸发，起到保湿养护作用。

2）养护窑中必须加湿，养护窑的湿气需达到 95％ 以上。混凝土的强度直接受温度与湿度的影响，两者缺一不可。

（10）混凝土出窑拆模之后，若发现有蜂窝、孔洞、裂缝、表面气泡过多及表面因浮浆过多出现疏松等外观质量问题需及时采用专用材料进行修复，外观质量应满足设计要求。

装配式构件质量检查基本要求：

（1）新造、改制及维修后的模具在使用前应进行全数检查。重复使用的标准模每次使用前应检查外观质量及关键尺寸偏差。

（2）预制构件的外观质量、尺寸偏差及结构性能应符合设计要求及国家现行有关标准的有关规定。对外观缺陷及超过允许尺寸偏差的部位应按修补方案进行处理，并应重新检查验收。预制构件不得存在影响结构性能或装配、使用功能的外观缺陷。对于存在的一般缺陷应采用专用修补材料按修补方案要求进行修复和表面处理。

（3）工厂制作的预制构件经检查合格后，应填制合格证。构件进场时应对合格证进行检查。

（4）装配式结构施工中的配件、连接件、配套材料的性能，应符合设计文件及国家现行有关标准的有关规定。

（5）装配式结构的连接施工应逐个进行隐蔽工程检查，并应填写隐蔽工程检查记录。

（6）装配式结构的外观质量和尺寸偏差检查应按现浇混凝土结构的有关规定执行。有装饰或保温要求的装配式结构尚应满足相关建筑装饰及节能标准的要求。

4.1.2 装配式建筑构件的安装与质量控制

1. 预制外墙、内墙的吊装

（1）外墙、内墙板施工工艺流程：轴线标高复核→确认构件起吊编号→安装吊钩→安装缆风绳、起吊→距地 1m 静停→落位→安装斜支撑→取钩→垂直度检查→标高复核→安装墙板加固件→预制剪力墙灌浆连接。

（2）预制外墙、内墙运至起重范围内，墙板顶面专门设计预埋了墙板吊装的吊钉，根据预制墙板的大小及重量，选择合适的钢丝绳、吊具、吊钩并按照要求将吊爪安装在吊钉上利用起重设备进行垂直及水平向运输。当墙板与钢丝绳的夹角小于 45°或者墙板上有超过 4 个吊钉时应采用吊具，安装缆风绳有利于防止墙板在落位时与其他外墙及外挂架发生碰撞。图 4-2 为吊爪安装及墙板吊装示意图。

（3）预制外墙板吊装顺序：外墙板在吊装时应严格按照设计吊装顺序吊装，第一块外墙板安装完成后，外墙板从此处按顺时针方向逐一进行吊装，严禁中间漏放而采取后面插入。另外，外墙板阴角处必须采用经纬仪检查阴角垂直度。

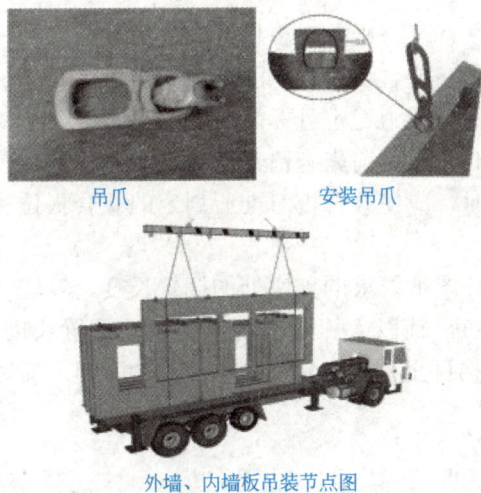

吊爪　　　　　安装吊爪

外墙、内墙板吊装节点图

图 4-2　吊爪、吊具安装及外墙、
内墙吊装节点示意

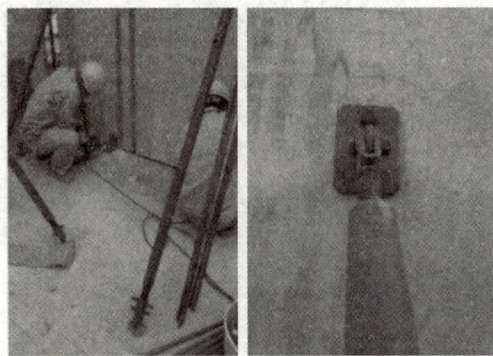

图 4-3　斜支撑安装示意

（4）吊运到安装位置时，先找好竖向位置，再缓缓下降就位。就位前先在外墙板缝处放置一块 20mm 厚的垫块，控制墙板的拼缝宽度。墙板就位时，以外墙内边线为准，做到外墙面顺直、墙身垂直、缝隙一致。为保证外墙板按边线就位也可在边线上用电锤开孔插入钢筋，墙板落位时沿钢筋边缓慢下落，准确就位。

（5）安装斜支撑。斜支撑目的是对预制墙板起临时固定作用，斜支撑有调节螺杆可以对外墙板垂直度进行微调。斜支撑布置时下端和叠合板上预埋的 U 形筋连接，上部墙板处留有 M16 螺栓孔便于斜支撑螺栓连接。斜支撑布置原则：预制构件小于 4m 布两根，4～6m 布 3 根，6m 以上布 4 根。图 4-3 为斜支撑安装示意。

（6）墙面节点是影响建筑外观主要部分，如果连接位置不精确，会直接造成外墙折断视觉。同时墙面节点二次处理也非常重要，一般将节点上采用 30mm 遇水膨胀止水条封堵，可起防水作用。

（7）注意事项

1）外墙板就位后必须严格检查横向、竖向拼缝宽度是否一致。

2）外墙板吊装完后，应拉通线对外墙板的标高、外墙面平整度进行校核。

2. 叠合梁的吊装

（1）工艺流程：弹线→叠合梁支撑架的搭设→叠合梁就位→调整支座处叠合梁搁置长度→夹具临时固定。

（2）弹线：将叠合梁底标高控制线、梁端面控制线弹在墙板上。叠合梁锚入柱 15mm。

（3）叠合梁支撑架的搭设：每根叠合梁底不少于两根直支撑，支撑顶面标高差不大于 3mm。

（4）叠合梁就位：叠合梁就位时，需注意梁伸出钢筋弯起方向要符合设计要求。

（5）夹具临时固定：叠合梁就位后用夹具进行临时固定，且不少于 2 个。夹具距梁端不少于 300mm。

3. 叠合板的吊装

（1）工艺流程：检查支座及板缝硬架支模上平标高→画叠合板位置线→吊装叠合板→调整支座处叠合板搁置长度→叠合板节点钢筋绑扎→叠合层混凝土浇筑。

（2）叠合板吊装前对支撑体系进行检查，确保其受力稳定且标高准确。

（3）叠合板吊装就位：若叠合板有预留孔洞时，吊装前先查清其位置，明确板的搁置方向。同时检查、排除钢筋等就位的障碍。起吊时，应使叠合板对准所划定的叠合板位置线，按设计支座搁置长度慢降到位，稳定落实。

（4）调整叠合板支座处的搁置长度：用撬棍按图纸要求的支座处的搁置长度，轻轻调整。必要时要借助塔吊绷紧钩绳（但板不离支座），辅以人工用撬棍共同调整搁置长度。图纸对支座搁置长度无要求时，板搁置在混凝土构件上时，一般为＋15mm（即伸入支座 15mm）。

（5）注意事项

1）叠合楼板挂钩起吊就位：叠合板长不大于 4m 时采用 4 点挂钩，大于 4m 时采用 8 点挂钩，挂钩时应确保各吊点均匀受力。

2）要注意对连接件的固定与检查，脱钩前叠合板和支撑体系必须连接稳固、可靠。

3）叠合板吊装完后必须有专人对叠合板底拼缝高低差进行校核，拼缝高低差不大于 3mm。

4）板与梁连节点：叠合板短向出钢筋与两端墙体的连梁主筋有交叉，施工时须先绑扎连梁主筋，叠合板安装前抽出主筋，叠合板安装后再绑扎连梁主筋。

4. 预制阳台板的吊装

（1）工艺流程：检查支座及板缝硬架支模上平标高→画阳台板位置线→吊装阳台板→校正阳台板垂直度→调整支座处阳台板板搁置长度→阳台板节点钢筋绑扎→叠合层混凝土浇筑。

（2）阳台板吊装前对支撑体系进行检查，确保其受力稳定且标高准确。由于阳台板设计外侧处于悬空状态，为了更好地校正阳台板垂直度，阳台板的支撑体系上需铺放同一规格的木方（50mm×100mm）。

（3）阳台板吊装就位：吊装前先明确编号，同时检查、排除钢筋等就位的障碍。起吊时，应使阳台板对准所划定的阳台板位置线，按设计支座搁置并慢降到位，稳定落实。

（4）校正阳台板垂直度：检查阳台板的垂直度（与水平垂直角度90°），若垂直度出现偏差，可微调支撑体系，以此保证阳台板的垂直度完全符合要求。

（5）调整阳台板板支座处的搁置长度：用撬棍按图纸要求的支座处的搁置长度，轻轻调整。必要时要借助塔吊绷紧钩绳（但板不离支座），辅以人工用撬棍共同调整搁置长度。图纸对支座搁置长度无要求时，板搁置在混凝土构件上时，一般为+15mm（即伸入支座15mm）。

5. 预制楼梯的吊装

楼梯吊装工艺流程如图4-4所示。施工安装及后期处理包括：

（1）构件安装控制尺寸误差（标高≤±3mm，平面尺寸≤±3mm）。

（2）现浇结合部位及预留钢筋位置偏差（标高≤5mm，平面尺寸≤±10mm）。

（3）应使用吊梁、吊葫芦，尽量保证吊点垂直受力。

（4）安装流程：构件检查→起吊→就位→精度调整→吊具拆除。

（5）现浇梁挑板在达到结构受力需求强度的前提下方可拆除支撑。

（6）结合部位可使用与结构等强度等级或更高强度等级的微膨胀混凝土或砂浆。

（7）施工过程应注意成品保护，防止对周边的污染。

（8）结合部位达到受力要求前楼梯禁止使用。

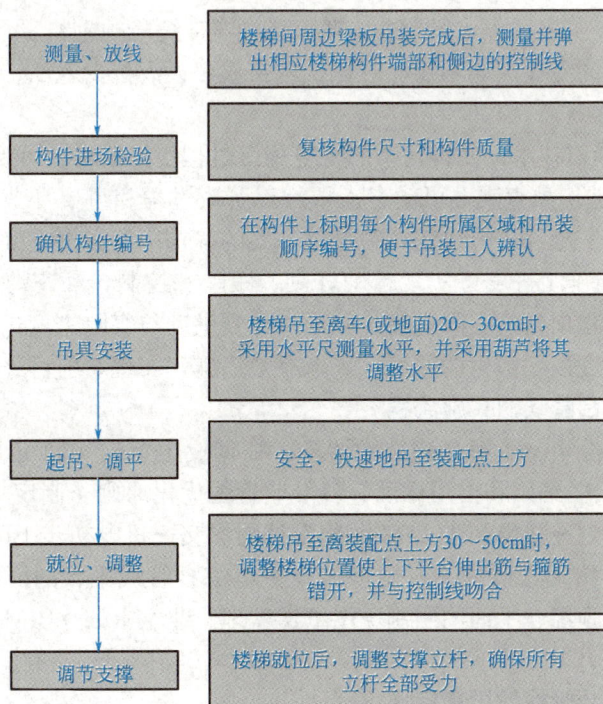

图4-4　楼梯吊装的工艺流程图

第 2 节　基于 BIM 的管线综合技术

随着 BIM 技术的普及，其在机电管线综合技术应用方面的优势比较突出。丰富的模型信息库，与多种软件方便的数据交换接口，成熟、便捷的可视化应用软件等，比传统的管线综合技术有了较大的提升。

4.2.1　深化设计及设计优化

机电工程施工中，许多工程的设计图纸由于诸多原因，设计深度往往满足不了施工的需要，施工前尚需进行深化设计。机电系统各种管线错综复杂，管路走向密集交错，若在施工中发生碰撞情况，则会出现拆除返工现象，甚至会导致设计方案的重新修改，不仅浪费材料、延误工期，还会增加项目成本。基于 BIM 技术的管线综合技术可将建筑、结构、机电等专业模型整合，可方便地进行深化设计，再根据建筑专业要求及净高要求将综合模型导入相关软件进行机电专业和建筑、结构专业的碰撞检查，根据碰撞报告结果对管线进行调整、避让建筑结构。机电本专业的碰撞检测，是在根据"机电管线排布方案"建模的基础上对设备和管线进行综合布置并调整，从而在工程开始施工前发现问题，通过深化设计及设计优化，使问题在施工前得以解决。

4.2.2　多专业施工工序协调

暖通、给水排水、消防、强弱电等各专业由于受施工现场、专业协调、技术差异等因素的影响，不可避免地存在很多局部的、隐性的专业交叉问题，各专业在建筑某些平面、立面位置上产生交叉、重叠，无法按施工图作业或施工顺序倒置，造成返工，这些问题有些是无法通过经验判断来及时发现并解决的。通过 BIM 技术的可视化、参数化、智能化特性，进行多专业碰撞检查、净高控制检查和精确预留预埋，或者利用基于 BIM 技术的4D 施工管理，对施工工序过程进行模拟，对各专业进行事先协调，可以很容易发现和解决碰撞点，减少因不同专业沟通不畅而产生技术错误，大大减少返工，节约施工成本。

4.2.3　施工模拟

利用 BIM 施工模拟技术，使得复杂的机电施工过程变得简单、可视、易懂。

BIM 4D 虚拟建造形象直观，可动态模拟施工阶段过程和重要环节施工工艺，将多种施工及工艺方案的可实施性进行比较，为最终方案的优选决策提供支持。

基于 BIM 技术对施工进度可实现精确计划、跟踪和控制，动态地分配各种施工资源和场地，实时跟踪工程项目的实际进度，并通过计划进度与实际进度进行比较，及时分析偏差对工期的影响程度以及产生的原因，采取有效措施，实现对项目进度的控制。

4.2.4　基于 BIM 综合管线的实施流程

设计交底及图纸会审→了解合同技术要求、征询业主意见→确定 BIM 深化设计内容及深度→制定 BIM 出图细则和出图标准、各专业管线优化原则→制定 BIM 详细的深化设计图纸送审及出图计划→机电初步 BIM 深化设计图提交→机电初步 BIM 深化设计图总包审核、协调、修改→图纸送监理、业主审核→机电综合管线平、剖面图、机电预留预埋图、设备基础图、吊顶综合平面图绘制→图纸送监理、业主审核→BIM 深化设计交底→现场施工→竣工图制作。

4.2.5　基于 BIM 综合管线的质量标准

综合管线布置与施工技术应符合现行标准《建筑给水排水设计标准》GB 50015、《工业建筑供暖通风与空气调节设计规范》GB 50019、《民用建筑电气设计标准》GB 51348、《建筑通风和排烟系统用防火阀门》GB 15930、《自动喷水灭火系统设计规范》GB 50084、《建筑给水排水及采暖工程施工质量验收规范》GB 50242、《通风与空调工程施工质量验收规范》GB 50243、《电气装置安装工程　低压电器施工及验收规范》GB 50254、《给水排水管道工程施工及验收规范》GB 50268、《智能建筑工程施工规范》GB 50606、《消防给水及消火栓系统技术规范》GB 50974、《综合布线系统工程设计规范》GB 50311 的相关要求。

第 3 节　工业化成品支吊架技术

装配式成品支吊架由管道连接的管夹构件、建筑结构连接的锚固件以及将这两种结构件连接起来的承载构件、减震（振）构件、绝热构件以及辅助安装件构成。该技术满足不同规格的风管、桥架、工艺管道的应用，特别是在错综复杂的管路定位和狭小管井、吊顶施工，更可发挥灵活组合技术的优越性。近年来，在机场、大型工业厂房等领域已开始应用复合式支吊架技术，可以相对有效地化解管线集中安装与空间紧张的矛盾。复合式管线支吊架系统具有吊杆不重复、与结构连接点少、空间节约、后期管线维护简单、扩容方便、整体质量及观感好等特点。特别是《建筑机电工程抗震设计规范》GB 50981—2014 的实施，采用成品的抗震支吊架系统成为必选。

4.3.1　技术特点

根据 BIM 模型确认的机电管线排布，通过数据库快速导出支吊架形式，从供应商的产品手册中选择相应的成品支吊架组件，或经过强度计算，根据结果进行支吊架型材选型、设计，工厂制作装配式组合支吊架，在施工现场仅需简单机械化拼装即可成型，减少现场测量、制作工序，降低材料损耗率和安全隐患，实现施工现场绿色、节能。

主要技术先进性在于：

（1）标准化：产品由一系列标准化构件组成，所有构件均采用成品，或由工厂采用标准化生产工艺，在全程、严格的质量管理体系下批量生产，产品质量稳定，且具有通用性和互换性。

（2）简易安装：一般只需 2 人即可进行安装，技术要求不高，安装操作简易、高效，明显降低劳动强度。

（3）施工安全：施工现场无电焊作业产生的火花，从而消灭了施工过程中的火灾事故隐患。

（4）节约能源：由于主材选用的是符合国际标准的轻型 C 型钢，在确保其承载能力的前提下，所用的 C 型钢质量相对于传统支吊架所用的槽钢、角钢等材料可减轻 15%～20%，明显减少了钢材使用量，从而节约了能源消耗。

（5）节约成本：由于采用标准件装配，可减少安装施工人员；现场无须电焊机、钻床、氧气乙炔装置等施工设备投入，能有效节约施工成本。

（6）保护环境：无须现场焊接、无须现场刷油漆等作业，因而不会产生弧光、烟雾、异味等多重污染。

（7）坚固耐用：经专业的技术选型和机械力学计算，且考虑足够的安全系数，确保其承载能力的安全可靠。

（8）安装效果美观：安装过程中，由专业公司提供全程、优质的服务，确保精致、简约的外观效果。

4.3.2　施工工艺要求

工业化成品支吊架的施工工艺要求有：

（1）吊架和支架安装应保持垂直、整齐牢固，无歪斜现象。

（2）支吊架安装要根据管子位置，找平、找正、找标高，生根要牢固，与管子接合要稳固。

（3）吊架要按施工图锚固于主体结构，要求拉杆无弯曲变形，螺纹完整且与螺母配合良好牢固。

（4）在混凝土基础上，用膨胀螺栓固定支吊架时，膨胀螺栓的打入必须达到规定的深度，特殊情况需做拉拔试验。

（5）管道的固定支架应严格按照设计图纸安装。

（6）导向支架和滑动支架的滑动面应洁净、平整，滚珠、滚轴、托辊等活动零件与其支撑件应接触良好，以保证管道能自由膨胀。

（7）所有活动支架的活动部件均应裸露，不应被保温层覆盖。

（8）有热位移的管道，在受热膨胀时，应及时对支吊架进行检查与调整。

（9）恒作用力支吊架应按设计要求进行安装调整。

（10）支架装配时应先整型后，再上锁紧螺栓。

（11）支吊架调整后，各连接件的螺杆丝扣必须带满，锁紧螺母应锁紧，防止松动。

（12）支架间距应按设计要求正确装设。

（13）支吊架安装应与管道的安装同步进行。

（14）支吊架安装施工完毕后应将支架擦拭干净，所有暴露的槽钢端均需装上封盖。

4.3.3　工业化成品支吊架施工的质量标准

国家建筑标准设计图集《室内管道支架和吊架》03S402、《金属、非金属风管支吊架（含抗震支吊架）》19K112、《电缆桥架安装》04D701-3、《装配式室内管道支吊架的选用与安装》16CK208（参考图集）。

其他应符合现行国家标准《管道支吊架》GB/T 17116、《建筑机电工程抗震设计规范》GB 50981 的相关要求。

第4节　机电管线及设备工厂化预制技术

工厂模块化预制技术是将建筑给水排水、供暖、电气、智能化、通风与空调工程等领域的建筑机电产品按照模块化、集成化的思想，从设计、生产到安装和调试深度结合集成，通过这种模块化及集成技术对机电产品进行规模化的预加工，工厂化流水线制作生产，从而实现建筑机电安装标准化、产品模块化及集成化。利用这种技术，不仅能提高生产效率和质量水平，降低建筑机电工程建造成本，还能减少现场施工工程量、缩短工期、减少污染、实现建筑机电安装全过程绿色施工。

4.4.1　技术内容

（1）管道工厂化预制施工技术：采用软件硬件一体化技术，详图设计采用"管道预制设计系统"软件，实现管道单线图和管段图的快速绘制；预制管道采用"管道预制安装管理系统"软件,实现预制全过程、全方位的信息管理。采用机械坡口、自动焊接,并使用厂内物流系统使整个预制过程形成流水线作业,提高了工作效率。可采用移动工作站预制技术,运用自动切割、坡口、滚槽、焊接机械和辅助工装,快速组装形成预制工作站,在施工现场建立作业流水线,进行管道加工和焊接预制。

(2) 对于机房机电设施采用标准的模块化设计,使泵组、冷水机组等设备形成自成支撑体系的、便于运输安装的单元模块。采用模块化制作技术和施工方法,改变了传统施工现场放样、加工焊接连接作业的方法。

(3) 将大型机电设备拆分成若干单元模块制作,在工厂车间进行预拼装、现场分段组装。

(4) 对厨房、卫生间排水管道进行同层模块化设计,形成一套排水节水装置,以便于实现建筑排水系统工厂化加工、批量性生产以及快速安装;同时有效解决厨房、卫生间排水管道漏水、出现异味等问题。

(5) 主要工艺流程:研究图纸→BIM 分解优化→放样、下料、预制→预拼装→防腐→现场分段组对→安装就位。

4.4.2　技术要求

(1) 将建筑机电产品现场制作安装工作前移,实现工厂加工与现场施工平行作业,减少施工现场时间和空间的占用。

(2) 模块适用尺寸:公路运输控制在尺寸 3100mm×3800mm×18000mm 以内;船运控制在尺寸 6000mm×5000mm×50000mm 以内。若模块在港口附近安装,无运输障碍,模块尺寸可根据具体实际情况进一步加大。

(3) 模块重量要求:公路运输一般控制在 40t 以内,模块重量也应根据施工现场起重设备的具体实际情况有所调整。

第 5 节　机电消声减振综合施工技术

机电消声减振综合施工技术是实现机电系统设计功能的保障。随着建筑工程机电系统功能需求的不断增加,越来越多的机电系统设备(设施)被应用到建筑工程中。这些机电设备(设施)在丰富建筑功能、改善人文环境、提升使用价值的同时,也带来一系列的负面影响因素,如机电设备在运行过程中产生及传播的噪声和振动给使用者带来难以接受的困扰,甚至直接影响到人身健康等。

4.5.1　施工工艺

噪声及振动的频率低,空气、障碍物以及建筑结构等对噪声及振动的衰减作用非常有限(一般建筑构建物噪声衰减量仅为 0.02~0.2dB/m),因此必须在机电系统设计与施工前,通过对机电系统噪声及振动产生的源头、传播方式与传播途径、受影响因素及产生的后果等进行细致分析,制定消声减振措施方案,对其中的关键环节加以适度控制,实现对机电系统噪声和振动的有效防控。具体实施工艺包括:对机电系统进行消声减振设计、选用低噪、低振设备(设施)、改变或阻断噪声与振动的传播路径以及引入主动式消声抗振工艺等。

4.5.2　施工方法

主要施工方法:

（1）优化机电系统设计方案，对机电系统进行消声减振设计。机电系统设计时，在结构及建筑分区的基础上充分考虑满足建筑功能的合理机电系统分区，为需要进行严格消声减振控制的功能区设计独立的机电系统，根据系统消声、减振需要，确定设备（设施）技术参数及控制流体流速，同时避免其他机电设施穿越。

（2）在机电系统设备（设施）选型时，优先选用低噪、低振的机电设备（设施），如箱式设备、变频设备、缓闭式设备、静音设备，以及高效率、低转速设备等。

（3）机电系统安装施工过程中，在进行深化设计时要充分考虑系统消声、减振功能需要，通过隔声、吸声、消声、隔振、阻尼等处理方法，在机电系统中设置消声减振设备（设施），改变或阻断噪声与振动的传播路径。如设备采用浮筑基础、减振浮台及减振器等的隔声隔振构造，管道与结构、管道与设备、管道与支吊架及支吊架与结构（包括钢结构）之间采用消声减振的隔离隔断措施，如套管、避振器、隔离衬垫、柔性软接、避振喉等。

（4）引入主动式消声抗振工艺。在机电系统深化设计中，针对系统消声减振需要引入主动式消声抗振工艺，扰动或改变机电系统固有噪声、振动频率及传播方向，达到消声抗振的目的。

4.5.3　质量标准

按设计要求的标准执行；当无设计无要求时，参照现行标准《声环境质量标准》GB 3096、《城市区域环境振动标准》GB 10070、《民用建筑隔声设计规范》GB 50118、《工程隔振设计标准》GB 50463、《建筑工程容许振动标准》GB 50868、《环境噪声与振动控制工程技术导则》HJ 2034、《剧场、电影院和多用途厅堂建筑声学设计规范》GB/T 50356 执行。

第 6 节　施工噪声、扬尘控制技术

4.6.1　施工噪声控制

（1）噪声源控制

对施工中必须使用的机械设备进行技术升级，降低噪声源的发声功率和辐射功率。选择弱振动的机器或者配置与设备配套的防振垫以减少噪声的产生。施工机械设备的磨损也会加剧产生噪声，应及时更换损坏的常用零件。对施工的电机（包括电动机和发电机），加装防音罩进行降噪。

（2）传播途径控制

利用软木板、矿渣棉、毛毡等材料或者穿孔共振、微穿孔板、薄板等共振结构，吸收声音的反射来降低噪声。利用现场隔离的加工棚对各种施工材料进行加工处理，以隔绝减弱噪声。

4.6.2　施工扬尘控制

（1）扬尘预防

将现场道路整体铺设硬化，闲置空地进行覆盖或绿化处理，防止其表面的尘土在施工作业、材料运输过程中被卷起。对水泥、破碎混凝土等易产生扬尘的材料或垃圾的表面进行覆盖。选用工厂预制加工工艺，减少现场湿作业。

（2）扬尘治理

施工现场常使用洒水降尘的方法清除空气中的粉尘，在大风或者施工工序中制造空气

污染比较严重的情况下，洒水降尘的次数也相应增多。

第 7 节 薄壁金属管道新型连接安装施工技术

4.7.1 铜管机械密封式连接

（1）卡套式连接：是一种较为简便的施工方式，操作简单，掌握方便，是施工中常见的连接方式，连接时只要管子切口的端面与管子轴线保持垂直，并将切口处毛刺清理干净，管件装配时卡环的位置正确，并将螺母旋紧，就能实现铜管的严密连接，主要适用于管径 50mm 以下的半硬铜管的连接。

（2）插接式连接：一种最简便的施工方法，只要将切口的端面与管子轴线保持垂直并去除毛刺的管子，用力插入管件到底即可，此种连接方法是靠专用管件中的不锈钢夹固圈将钢壁禁锢在管件内，利用管件内与铜管外壁紧密配合的 O 形橡胶圈来实施密封的，主要适用于管径 25mm 以下的铜管的连接。

（3）压接式连接：一种较为先进的施工方式，操作也较简单，但需配备专用的且规格齐全的压接机械。连接时管子的切口端面与管子轴线保持垂直，并去除管子的毛刺，然后将管子插入管件到底，再用压接机械将铜管与管件压接成一体。此种连接方法是利用管件凸缘内的橡胶圈来实施密封的，主要适用于管径 50mm 以下的铜管的连接。

4.7.2 薄壁不锈钢管机械密封式连接

（1）卡压式连接：配管插入管件承口（承口 U 形槽内带有橡胶密封圈）后，用专用卡压工具压紧管口形成六角形而起密封和紧固作用的连接方式。

（2）卡凸式螺母型连接：以专用扩管工具在薄壁不锈钢管端的适当位置，由内壁向外（径向）辊压使管子形成一道凸缘环，然后将带锥台形三元乙丙密封圈的管插进带有承插口的管件中，拧紧锁紧螺母时，靠凸缘环推进压缩三元乙丙密封圈而起密封作用。

（3）环压式连接：环压连接是一种永久性机械连接，首先将套好密封圈的管材插入管件内，然后使用专用工具对管件与管材的连接部位施加足够大的径向压力使管件、管材发生形变，并使管件密封部位形成一个封闭的密封腔，然后再进一步压缩密封腔的容积，使密封材料充分填充整个密封腔，从而实现密封，同时将管件嵌入管材使管材与管件牢固连接。

4.7.3 质量标准

按设计要求的标准执行：无设计要求时，参照现行标准《建筑给水排水及采暖工程施工质量验收规范》GB 50242、《建筑铜管管道工程连接技术规程》CECS 228 和《薄壁不锈钢管道技术规范》GB/T 29038 执行。

第 8 节 内保温金属风管施工技术

内保温金属风管是在传统镀锌薄钢板法兰风管制作过程中，在风管内壁粘贴保温棉，风管口径为粘贴保温棉后的内径，并且可通过数控流水线实现全自动生产。该技术的运用，省去了风管现场保温施工工序，有效提高现场风管安装效率，且风管采用全自动生产流水线加工，产品质量可控。

4.8.1 施工工艺

相对普通薄钢板法兰风管的制作流程，在风管咬口制作和法兰成型后，为贴附内保温材料，多了喷胶、贴棉和打钉三个步骤，然后进行板材的折弯和合缝，其他步骤两者完全相同。这三个工序被整合到了整套流水线中，生产效率几乎与薄钢板法兰风管相当。为防止保温棉被吹散，要求金属风管内壁涂胶满布率 90% 以上，管内气流速度不得超过 20.3m/s。此外，内保温金属风管还有以下施工要点，见表 4-1。

内保温金属风管的施工要点 表 4-1

保温钉不得挤压保温材料超过 3mm	风管两端安装有 C 型 PVC 挡风条，以防止漏风，同时防止产生冷桥现象	法兰高度等于玻璃纤维内衬风管法兰高度加上内衬厚度	挡风条宽度为内衬风管法兰高度加上内衬厚度

（1）在安装内衬风管之前，首先要检查风管内衬的涂层是否存在破损，有无受到污染等，若发现以上情况需进行修补或者直接更换一节完好的风管进行安装。

（2）内衬风管的安装与薄钢板法兰风管安装工艺基本一致，先安装风管支吊架，风管支吊架间距按相关规定执行，风管可根据现场实际情况采取逐节吊装或者在地面拼装一定长度后整体吊装。

（3）内保温风管与外保温风管、设备以及风阀等连接时，法兰高度可按表 4-1 的要求进行调整，或者采用大小头连接。

（4）风管安装完毕后进行漏风量测试，要注意的是，导致风管严密性不合格的主要因素在于风管挡风条的安装与法兰边没有对齐，以及没有选用合适宽度的法兰垫料或者垫料粘贴时不够规范。

（5）风管运输及安装过程中应注意防潮、防尘。

4.8.2 质量标准

（1）风管系统强度及严密性指标，应满足现行标准《通风与空调工程施工质量验收规范》GB 50243 的要求。

（2）风管系统保温及耐火性能指标，应分别满足现行标准《通风与空调工程施工质量验收规范》GB 50243 和《通风管道技术规程》JGJ/T 141 的要求。

（3）内保温风管金属风管的制作与安装，可参考国家建筑标准设计图集《非金属风管制作与安装》15K114 的相关规定。

（4）内衬保温棉及其表面涂层，应当采用不燃材料，采用的胶粘剂应为环保无毒型。

第 9 节 导线连接器应用技术

通过螺纹、弹簧片以及螺旋钢丝等机械方式，对导线施加稳定可靠的接触力。按结构分为：螺纹型连接器、无螺纹型连接器（包括：通用型和推线式两种结构）和扭接式连接器，其工艺特点见表 4-2 所列，能确保导线连接所必须的电气连续、机械强度、保护措施以及检测维护 4 项基本要求。

符合 GB 13140 系列标准的导线连接器产品特点说明　　表 4-2

连接器类型 比较项目	无螺纹型		扭接式	螺纹型
	通用型	推线式		
连接原理图例				
制造标准代号	GB 13140.3—2008		GB 13140.5—2008	GB 13140.2—2008
连接硬导线（实心或绞合）	适用		适用	适用
连接未经处理的软导线	适用	不适用	适用	适用
连接焊锡处理的软导线	适用	适用	适用	不适用
连接器是否参与导电	参与		不参与	参与/不参与
IP 防护等级	IP20		IP20 或 IP55	IP20
安装工具	徒手或使用辅助工具		徒手或使用辅助工具	普通螺丝刀
是否重复使用	是		是	是

4.9.1　施工工艺

长期实践已证明此工艺的安全性与可靠性。由于可不借助特殊工具完全徒手操作，安装过程快捷，平均每个电气连接耗时仅 10s，为传统焊锡工艺的 1/30，节省人工和安装费用。可完全代替传统锡焊工艺，不再使用焊锡、焊料、加热设备，消除了虚焊与假焊，导线绝缘层不再受焊接高温影响，避免了高举熔融焊锡操作的危险，接点质量一致性好，没有焊接烟气造成的工作场所环境污染。主要施工方法：

（1）根据被连接导线的截面积、导线根数、软硬程度，选择正确的导线连接器型号。

（2）根据连接器型号所要求的剥线长度，剥除导线绝缘层。

（3）如图 4-5 所示，安装或拆卸无螺纹型导线连接器。

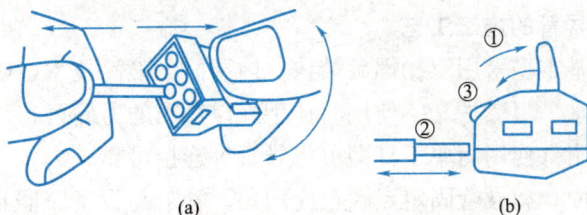

（a）　　　　　　　　　（b）

图 4-5　推线式或通用式连接器的导线安装或拆卸示意

（a）推线式连接器；（b）通用型连接器

（4）如图 4-6 所示，安装或拆卸扭接式导线连接器。

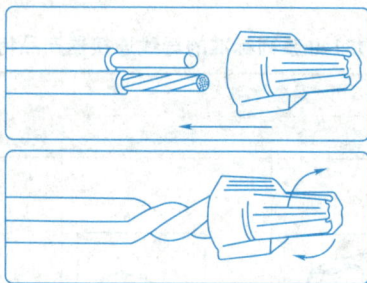

图 4-6　扭接式连接器的安装示意

4.9.2　质量标准

按照现行标准《建筑电气工程施工质量验收规范》GB 50303、《建筑电气细导线连接器应用技术规程》CECS 421、《低压电气装置　第 5-52 部分：电气设备的选择和安装　布线系统》GB/T 16895.6、《家用和类似用途低压电路用的连接器件》GB 13140 执行。

第10节　可弯曲金属导管安装技术

可弯曲金属导管内层为热固性粉末涂料，粉末通过静电喷涂，均匀吸附在钢带上，经 200℃ 高温加热液化再固化，形成质密又稳定的涂层，涂层自身具有绝缘、防腐、阻燃、耐磨损等特性，厚度为 0.03mm。可弯曲金属导管是我国建筑材料行业新一代电线电缆外保护材料，已被编入设计、施工与验收规范，大量应用于建筑电气工程的强电、弱电、消防系统，明敷和暗敷场所，逐步成为一种较理想的电线电缆外保护材料。

4.10.1　可弯曲金属导管的特点

（1）可弯曲度好：优质钢带绕制而成，用手即可弯曲定型，减少机械操作工艺。

（2）耐腐蚀性强：材质为热镀锌钢带，内壁喷附树脂层，双重防腐。

（3）使用方便：裁剪、敷设快捷高效，可任意连接，管口及管材内壁平整光滑，无毛刺。

（4）内层绝缘：采用热固性粉末涂料，与钢带结合牢固且内壁绝缘。

（5）搬运方便：圆盘状包装，质量为同米数传统管材的 1/3，搬运方便。

（6）机械性能：双扣螺旋结构，异形截面，抗压、抗拉伸性能达到《电缆管理用导管系统　第 1 部分：通用要求》GB/T 20041.1 的分类代码 4 重型标准。

4.10.2　可弯曲金属导管的施工工艺

可弯曲金属导管基本型采用双扣螺旋结构、内层静电喷涂技术，防水型和阻燃型在基本型的基础上包覆防水、阻燃护套。使用时徒手施以适当的力即可将可弯曲金属导管弯曲到需要的程度，连接附件使用简单工具即可将导管等连接可靠。

（1）明配的可弯曲金属导管固定点间距应均匀，管卡与设备、器具、弯头中点、管端等边缘的距离应小于 0.3m。

（2）暗配的可弯曲金属导管，应敷设在两层钢筋之间，并与钢筋绑扎牢固。管子绑扎点间距不宜大于 0.5m，绑扎点距盒（箱）不应大于 0.3m。

4.10.3　可弯曲金属导管的主要性能和质量标准

（1）主要性能

1）电气性能：导管两点间过渡电阻小于 0.05Ω 标准值。

2）抗压性能：1250N 压力下扁平率小于 25%，可达到《电缆管理用导管系统　第 1 部分：通用要求》GB/T 20041.1 分类代码 4 重型标准要求。

3）拉伸性能：1000N 拉伸荷重下，重叠处不开口（或保护层无破损），可达到《电缆管理用导管系统　第 1 部分：通用要求》GB/T 20041.1 分类代码 4 重型标准要求。

4）耐腐蚀性：浸没在 1.186kg/L 的硫酸铜溶液，可达到《电缆管理用导管系统　第 1 部分：通用要求》GB/T 20041.1 的分类代码 4 重型标准要求。

5）绝缘性能：导管内壁绝缘电阻值，不低于 50MΩ。

（2）技术规范/标准

现行标准《建筑电气用可弯曲金属导管》JG/T 526、《电缆管理用导管系统　第 1 部分：通用要求》GB/T 20041.1、《电缆管理用导管系统　第 22 部分：可弯曲导管系统的特殊要求》GB 20041.22、《民用建筑电气设计标准》GB 51348、《1kV 及以下配线工程施工与验收规范》GB 50575、《低压配电设计规范》GB 50054、《火灾自动报警系统设计规范》GB 50116 和《建筑电气工程施工质量验收规范》GB 50303。

第 11 节　金属风管预制安装施工技术

4.11.1　金属矩形风管薄钢板法兰连接技术

金属矩形风管薄钢板法兰连接技术，代替了传统角钢法兰风管连接技术，已在国外有多年的发展和应用并形成了相应的规范和标准。采用薄钢板法兰连接技术不仅能节约材料，而且通过新型自动化设备生产使得生产效率提高、制作精度高、风管成型美观、安装简便，相比传统角钢法兰连接技术可节约劳动力 60% 左右，节约型钢、螺栓 65% 左右，而且由于不需防腐施工，减少了对环境的污染，具有较好的经济、社会与环境效益。

（1）施工工艺

金属矩形风管薄钢板法兰连接技术，根据加工形式不同分为两种：一种是法兰与风管壁为一体的形式，称之为"共板法兰"；另一种是薄钢板法兰用专用组合式法兰机制作成法兰的形式，根据风管长度下料后，插入制作好的风管管壁端部，再铆（压）接连为一体，称之为"组合式法兰"。通过共板法兰风管自动化生产线，将卷材开卷、板材下料、冲孔（倒角）、辊压咬口、辊压法兰、折方等工序，制成半成品薄钢板法兰直风管管段。风管三通、弯头等异形配件通过数控等离子切割设备自动下料。

1）薄钢板法兰风管板材厚度 0.5～1.2mm，风管下料宜采用单片、L 型或口型方式。金属风管板材连接形式有：单咬口（适用于低、中、高压系统）、联合角咬口（适用于低、中、高压系统矩形风管及配件四角咬接）、转角咬口（适用于低、中、高压系统矩形风管及配件四角咬接）、按扣式咬口（适用于低、中压矩形风管或配件四角咬接、低压圆形风管）。

2）当风管大边尺寸、长度及单边面积超出规定的范围时，应对其进行加固，加固方式有通丝加固、套管加固、Z 形加固、V 形加固等方式。

3）风管制作完成后，进行四个角连接件的固定，角件与法兰四角接口的固定应稳固、紧贴、端面应平整。固定完成后需要打密封胶，密封胶应保证弹性、黏性和防霉特性。

4）薄钢板法兰风管的连接方式应根据工作压力及风管尺寸大小合理选用，用专用工具将法兰弹簧卡固定在两节风管法兰处，或用顶丝卡固定两节风管法兰，弹簧卡、顶丝卡不应有松动现象。

（2）质量标准

应符合现行标准《通风与空调工程施工质量验收规范》GB 50243、《通风与空调工程施工规范》GB 50738、《通风管道技术规程》JGJ/T 141 的相关规定。

4.11.2 金属圆形螺旋风管制安技术

螺旋风管又称螺旋咬缝薄壁管，由条带形薄板螺旋卷绕而成，与传统金属风管（矩形或圆形）相比，具有无焊接、密封性能好、强度刚度好、通风阻力小、噪声低、造价低、安装方便、外形美观等特性。根据使用材料的材质不同，主要有镀锌螺旋风管、不锈钢螺旋风管、铝螺旋风管。螺旋风管制安机械自动化程度高、加工制作速度快，在发达国家已得到了长足的发展。

（1）施工工艺

金属圆形螺旋风管采用流水线生产，取代手工制作风管的全部程序和进程，使用宽度为138mm的金属卷材为原料，以螺旋的方式实现卷圆、咬口、合缝压实一次顺序完成，加工速度为4～20m/min。金属圆形螺旋风管一般是以3～6m为标准长度。弯头、三通等各类管件采用等离子切割机下料，直接输入管件相关参数即可精确快速切割管件展开板料；用缀缝焊机闭合板料和拼接各类金属板材，接口平整，不破坏板材表面；用圆形弯头成形机自动进行弯头咬口合缝，速度快，合缝密实平滑。

螺旋风管的螺旋咬缝，可以作为加强筋，增加风管的刚性和强度。直径1000m以下的螺旋风管可以不另设加固措施；直径大于1000mm的螺旋风管可在每两个咬缝之间再增加一道楞筋，作为加固方法。

金属圆形螺旋风管通常采用承插式芯管连接及法兰连接，内接制作技术要求如表4-3所示。承插式芯管用与螺旋风管同材质的宽度为138mm金属钢带卷圆，在芯管中心轧制宽5mm的楞筋，两侧轧制密封槽，内嵌阻燃L形密封条。承插式芯管制作示意如图4-7所示。

内接制作技术要求 表4-3

接管口径（mm）	内接板厚（mm）	内接口径（mm）
500	1.0	498
600	1.0	598
700	1.0	698
800	1.2	798
900	1.2	898
1000	1.2	998
1200	1.75	1196

续表

接管口径（mm）	内接板厚（mm）	内接口径（mm）
1400	1.75	1396
1600	2.0	1596
1800	2.0	1796
2000	2.0	1996

采用法兰连接时，将圆法兰内接于螺旋风管。法兰外边略小于螺旋风管内径 1~2mm，同规格法兰具有可换性。法兰连接多用于防排烟系统，采用不燃的耐温防火填料，相比芯管连接密封性能更好。

主要施工方法：

1）划分管段：根据施工图和现场实际情况，将风管系统划分为若干管段，并确定每段风管连接管件和长度，尽量减少空中接口数量。

2）芯管连接：将连接芯管插入金属螺旋风管一端，直至插入至楞筋位置，从内向外用铆钉固定。

3）风管吊装：金属螺旋风管支架间距约 3~4m，每吊装一节螺旋风管设一个支架，风管吊装后用扁钢抱箍托住风管，根据支吊架固定点的结构形式设置一个或者两个吊点，将风管调整就位。

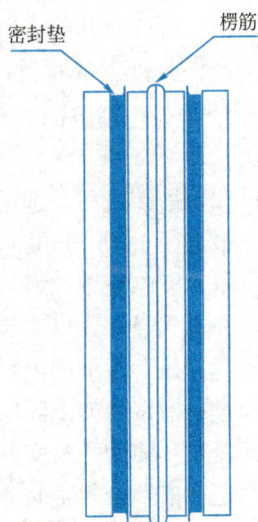

图 4-7 承插式芯管制作

4）风管连接：芯管连接时，将金属螺旋风管的连接芯管端插入另一节未连接芯管端，均匀推进，直至插入至楞筋位置，连接缝用密封胶密封处理。法兰连接时，将两节风管调整角度，直至法兰的螺栓孔对准，连接螺栓，螺栓须安装在同侧。

5）风管测试：根据风管系统的工作压力做漏光检测及漏风量检测。

（2）质量标准

应符合现行标准《通风与空调工程施工质量验收规范》GB 50243、《通风与空调工程施工规范》GB 50738、《通风管道技术规程》JGJ/T 141 的相关规定。

第 12 节 超高层垂直高压电缆敷设技术

在超高层供电系统中，有时采用一种特殊结构的高压垂吊式电缆，这种电缆不论多长多重，都能靠自身支撑自重，解决了普通电缆在长距离的垂直敷设中容易被自身重量拉伤的问题。它由上水平敷设段、垂直敷设段、下水平敷设段组成，其结构为：电缆在垂直敷设段带有 3 根钢丝绳，并配吊装圆盘，钢丝绳用扇形塑料包覆，与三根电缆芯绞合，水平敷设段电缆不带钢丝绳。吊装圆盘为整个吊装电缆的核心部件，由吊环、吊具本体、连接螺栓和钢板卡具组成，其作用是在电缆敷设时承担吊具的功能并在电缆敷设到位后承载垂直段电缆的全部重量，电缆承重钢丝绳与吊具连接采用锌铜合金浇铸工艺。

4.12.1 施工工艺

（1）利用多台卷扬机吊运电缆，采用自下而上垂直吊装敷设的方法。

（2）对每个井口的尺寸及中心垂直偏差进行测量，并安装槽钢台架。

（3）设计穿井梭头，用以扶住吊装圆盘，让其顺利穿过井口。

（4）吊装卷扬机布置在电气竖井的最高设备层或以上楼面，除吊装最高设备层的高压垂吊式电缆外，还要考虑吊装同一井道内其他设备层的高压垂吊式电缆。

（5）架设专用通信线路，在电气竖井内每一层备有电话接口。指挥人、主吊操作人、放盘区负责人还必须配备对讲机。

（6）电气竖井内要设置临时照明。

（7）电缆盘至井口应设有缓冲区和下水平段电缆脱盘后的摆放区，面积大约 $30 \sim 40 m^2$。架设电缆盘的起重设备通常从施工现场在用的塔吊、汽车吊、履带吊等起重设备中选择。

（8）吊装过程：选用有垂直受力锁紧特性的活套型网套，同时为确保吊装安全可靠，设一根直径 12.5mm 保险附绳，当上水平段电缆全部吊起，将主吊绳与吊装圆盘连接，同时将垂直段电缆钢丝绳与吊装圆盘连接。当吊装圆盘连接后，组装穿井梭头。在吊装过程中，在电气竖井井口安装防摆动定位装置，可以有效地控制电缆摆动。将上水平段电缆与主吊绳并拢，由下而上每隔 2m 捆绑，直至绑到电缆头，吊运上水平段和垂直段电缆。吊装圆盘在槽钢台架上固定后，还要对其辅助吊挂，目的是使电缆固定更为安全可靠。在吊装圆盘及其辅助吊索安装完成后，电缆处于自重垂直状态下，将每个楼层井口的电缆用抱箍固定在槽钢台架上。水平段电缆通常采用人力敷设。在桥架水平段每隔 2m 设置一组滚轮。

4.12.2 质量标准

（1）应符合下列现行标准规范的相关规定

《电气装置安装工程 电缆线路施工及验收标准》GB 50168、《建筑电气工程施工质量验收规范》GB 50303、《电气装置安装工程 电气设备交接试验标准》GB 50150、《建筑机械使用安全技术规程》JGJ 33、《施工现场临时用电安全技术规范》JGJ 46。

（2）技术要求

电缆型号、电压及规格应符合设计要求。核实电缆生产编号、订货长度、电缆位号，做到敷设准确无误；电缆外观无损伤，电缆密封应严密；电缆应做耐压和泄漏试验，试验标准应符合国家标准和规范的要求，电缆敷设前还应用 2.5kV 摇表测量绝缘电阻是否合格。

第 13 节 建筑机电系统全过程调试技术

建筑机电系统全过程调试技术覆盖建筑机电系统的方案设计阶段、设计阶段、施工阶段和运行维护阶段，其执行者可以由独立的第三方、业主、设计方、总承包商或机电分包商等承担。目前最常见的是业主聘请独立第三方顾问，即调试顾问作为调试管理方。

4.13.1 调试内容

（1）方案设计阶段

为项目初始时的筹备阶段，其调试工作主要目标是明确和建立业主的项目要求。业主项目要求是机电系统设计、施工和运行的基础，同时也决定着调试计划和进程安排。该阶段调试团队由业主代表、调试顾问、前期设计和规划方面专业人员、设计人员组成。该阶段主要工作为：组建调试团队，明确各方职责；建立例会制度及过程文件体系；明确业主项目要求；确定调试工作范围和预算；建立初步调试计划；建立问题日志程序；筹备调试过程进度报告；对设计方案进行复核，确保满足业主项目要求。

（2）设计阶段

该阶段调试工作主要目标是尽量确保设计文件满足和体现业主项目要求。该阶段调试团队由业主代表、调试顾问、设计人员和机电总包项目经理组成。该阶段主要工作为：建立并维持项目团队的团结协作；确定调试过程各部分的工作范围和预算；指定负责完成特定设备及部件调试工作的专业人员；召开调试团队会议并做好记录；收集调试团队成员关于业主项目要求的修改意见；制定调试过程工作时间表；在问题日志中追踪记录问题或背离业主项目要求的情况及处理办法；确保设计文件的记录和更新；建立施工清单；建立施工、交付及运行阶段测试要求；建立培训计划要求；记录调试过程要求并汇总进承包文件；更新调试计划；复查设计文件是否符合业主项目要求；更新业主项目要求；记录并复查调试过程进度报告。

（3）施工阶段

该阶段调试工作主要目标是确保机电系统及部件的安装满足业主项目要求。该阶段调试团队包括业主代表、调试顾问、设计人员、机电总包项目经理、专业承包商和设备供应商。该阶段主要工作为：协调业主代表参与调试工作并制定相应时间表；更新业主项目要求；根据现场情况，更新调试计划；组织施工前调试过程会议；确定测试方案，包括机电设备测试、风系统/水系统平衡调试、系统运行测试等，并明确测试范围，明确测试方法、试运行介质、目标参数值允许偏差、调试工作绩效评定标准；建立测试记录；定期召开调试过程会议；定期实施现场检查；监督施工方的现场调试、测试工作；核查运维人员培训情况；编制调试过程进度报告；更新机电系统管理手册。

（4）交付和运行阶段

当项目基本竣工后进入交付和运行阶段的调试工作，直到保修合同结束时间为止。该阶段工作目标是确保机电系统及部件的持续运行、维护和调节及相关文件更新均能满足最新业主项目要求。该阶段调试团队包括业主代表、调试顾问、设计人员、机电总包项目经理、专业承包商。该阶段主要工作为：协调机电总包的质量复查工作，充分利用调试顾问的知识和项目经验使得机电总包返工数量和次数最小化；进行机电系统及部件的季度测试；进行机电系统运行维护人员培训；完成机电系统管理手册并持续更新；进行机电系统及部件的定期运行状况评估；召开经验总结研讨会；完成项目最终调试过程报告。

4.13.2　调试文件

（1）调试计划

为调试工作前瞻性整体规划文件，由调试顾问根据项目具体情况起草，在调试项目首次会议，由调试团队各成员参与讨论，会后调试顾问再进行修改完善。调试计划必须随着项目的进行而持续修改、更新。一般每月都要对调试计划进行适当调整。调试顾问可以根据调试项目工作量大小，建立一份贯穿项目全过程的调试计划，也可以建立一份分阶段（方案设计阶段、设计阶段、施工阶段和运行维护阶段）实施的调试计划。

（2）业主项目要求

确定业主的项目要求对整个调试工作很重要，调试顾问组织召开业主项目要求研讨会，准确把握业主项目要求，并建立业主项目要求文件。

（3）施工清单

机电承包商详细记录机电设备及部件的运输、安装情况，以确保各设备及系统正确安装、运行的文件。主要包括设备清单、安装前检查表、安装过程检查表、安装过程问题汇总、设备施工清单、系统问题汇总。

（4）问题日志

记录调试过程发现的问题及其解决办法的正式文件，由调试团队在调试过程中建立，并定期更新。调试顾问在进行安装质量检查和监督施工单位调试时，可根据项目大小和合同内容来确定抽样检查比例或复测比例，一般不低于20％。抽查或抽测时发现问题应记入问题日志。

（5）调试过程进度报告

详细记录调试过程中各部分完成情况以及各项工作和成果的文件，各阶段调试过程进度报告最终汇总成为机电系统管理手册的一部分。它通常包括：项目进展概况；本阶段各方职责、工作范围；本阶段工作完成情况；本阶段出现的问题及跟踪情况；本阶段未解决的问题汇总及影响分析；下阶段工作计划。

（6）机电系统管理手册

机电系统管理手册是以系统为重点的复合文档，包括使用和运行阶段运行和维护指南以及业主使用中的附加信息，主要包括业主最终项目要求文件、设计文件、最终调试计划、调试报告、厂商提供的设备安装手册和运行维护手册、机电系统图表、已审核确认的竣工图纸、系统或设备/部件测试报告、备用设备部件清单、维修手册等。

（7）培训记录

调试顾问应在调试工作结束后，对机电系统的实际运行维护人员进行系统培训，并做好相应的培训记录。

4.13.3　质量标准

目前国内关于建筑机电系统全过程调试没有专门的规范和指南，只能依照现行的设计、施工、验收和检测规范的相关部分开展工作。主要依据的现行规范有：《民用建筑供暖通风与空气调节设计规范》GB 50736、《公共建筑节能设计标准》GB 50189、《民用建筑电气设计标准》GB 51348、《通风与空调工程施工质量验收规范》GB 50243、《建筑节能工程施工质量验收标准》GB 50411、《建筑电气工程施工质量验收规范》GB 50303、《建筑给水排水及采暖工程施工质量验收规范》GB 50242、《智能建筑工程质量验收规范》GB 50339、《通风与空调工程施工规范》GB 50738、《公共建筑节能检测标准》JGJ/T 177、《采暖通风与空气调节工程检测技术规程》JGJ/T 260、《变风量空调系统工程技术规程》JGJ 343。

参 考 文 献

[1] 宇文青. 建筑给排水中新型管材的应用分析 [J]. 江西建材，2017. (7)：38-41.

[2] 赖材平. 浅谈硬质阻燃 PVC 管在电气预埋管线中的应用 [J]. 科技与企业，2014 (11)：113.

[3] 赵中华. 浅析超高层建筑风管类别及应用 [J]. 四川建筑，2016.36 (6)：229-230.

[4] 季健翔. 太阳能光伏发电技术现状分析 [J]. 智能城市，2018，4 (21)：92-93.

[5] 周丽. 钟旭. 地源热泵技术在暖通空调节能中的应用 [J]. 住宅与房地产，2018 (30)：204.

[6] 叶卫平. "新型"温湿度独立控制空调系统的应用 [J]. 制冷，2019，38 (01)：8-12.

[7] 尹显录，杨涛，付荣强. 燃气采暖热水炉不同的燃烧控制方式对供暖效果及能耗的影响 [J]. 供热制冷，2018 (10)：34-36.

[8] 李文勇. 智能家居系统的发展趋势 [J]，企业科技与发展，2017 (2)：73-75.

[9] 张霞. 浅析 LED 灯具检测标准及技术 [J]. 科技资讯，2017，15 (16)：24-25.

[10] 解晓鹏. 新材料新设备新工艺在建筑给排水环保设计中的应用研究 [J]. 中国设备工程，2018 (20)：117-118.

[11] 肖玉麒，胡成佑，曾莹. 绿色施工噪声及扬尘监测及管理研究 [J]. 施工技术，2018，47 (S1)：1072-1075.

[12] 张友，王恒丰，黄振兴. 装配式建筑构件生产过程质量控制措施及现场安装施工技术 [J]. 商品混凝土，2018 (Z1)：106-111.